高 等 学 校 规 划 教 材

化工原理实验指导

贾广信　主编

焦纬洲　李　裕　李同川　副主编

化学工业出版社

·北京·

《化工原理实验指导》从章节布局、内容编排、数字化教学等方面着力体现"以学生为中心"的教学理念，明确"实验规划和实验设计能力，实验操作和科学研究能力，团队协作和沟通交流能力"提升的"结果导向"，引入全国大学生化工实验大赛评分标准，总结和凝练解决实际工程问题的实验研究方法，为实验全流程提供相关理论和实践指导。在部分实验教学过程中，按照"两性一度"的"金课"标准，开发出一些具有高阶性、创新性且具备挑战性的实验项目，为本课程的"持续改进"奠定基础。

《化工原理实验指导》共六章，内容涉及化工原理实验基础知识、工程实验研究方法、化工测量技术与常用仪表、化工原理基础实验、化工原理仿真实验、化工原理实训。

《化工原理实验指导》可作为普通高等院校化工、制药、环境、材料、能源、冶金、纺织、轻工及相关专业本科化工原理实验或相关技术课程的教材和教学参考书，也可供化工领域的科研人员参考。

图书在版编目（CIP）数据

化工原理实验指导/贾广信主编 . —北京：化学

工业出版社，2019.10（2021.8重印）

高等学校规划教材

ISBN 978-7-122-35332-0

Ⅰ.①化… Ⅱ.①贾… Ⅲ.①化工原理-实验-

高等学校-教材 Ⅳ.①TQ02-33

中国版本图书馆 CIP 数据核字（2019）第 223106 号

责任编辑：马泽林 徐雅妮　　　　　　　装帧设计：韩　飞
责任校对：王鹏飞

出版发行：化学工业出版社（北京市东城区青年湖南街 13 号　邮政编码 100011）
印　　装：北京七彩京通数码快印有限公司
787mm×1092mm　1/16　印张 12　字数 291 千字　　2021 年 8 月北京第 1 版第 2 次印刷

购书咨询：010-64518888　　　　　　售后服务：010-64518899
网　　址：http://www.cip.com.cn
凡购买本书，如有缺损质量问题，本社销售中心负责调换。

定　　价：34.00 元　　　　　　　　　　　　　　　　　版权所有　违者必究

为了提高化工基础实践课程的教学质量，持续改进和更新实践课程的教学内容，编者在原讲义"化工原理实践指导"的基础上，编写了《化工原理实验指导》教材。按照教育部高等学校化工类专业教学指导委员会和工程教育专业认证标准对化工原理实验课程的相关要求，针对普遍存在的实践环节薄弱问题，本书在内容编写上，注重以下几个方面。

1. 深入贯彻工程教育专业认证理念，"以学生为中心"编写教材内容，摒弃以往"以教师为中心"的编写模式，使教材内容更加适合学生理解和阅读；依据工程教育专业认证对本课程的相关培养目标进行了指标分解，注重结果导向，使实验教学过程更有针对性。

2. 梳理和总结解决实际工程问题的 8 种实验研究方法。包括数学模型法、量纲分析法、参数修正法在内的实验研究方法是经过化工技术人员长期科学实践验证的有效实验手段，是化工实践理论的精华。

3. 从实验前、实验中、实验后三个阶段进行全流程指导。实验前着重于流程设计、多变量实验规划、实验数据范围确定及数据布点等方面的指导，确保实验预习环节的质量；实验中着重于数据采集、安全规范、应急处置、消防环保等方面的指导，确保实验数值准确、安全可靠、符合规范；实验后着重于数据处理、软件作图、实验报告和实验论文撰写等方面的指导，确保数据处理准确、图表美观、实验报告撰写规范。

4. 每个化工原理基础实验均配有实验背景介绍，突出该实验的工程应用属性。

5. 每个实验项目在编写上强调实验的任务性、设计性和创新性，摒弃流程化教学模式。主要体现在：第一，几乎每个实验项目都以"实验任务"的形式分发给学生，学生对"实验任务"进行必要的实验方案设计后方可开展实验；第二，本书编入化工实验规划和流程设计相关内容，指导学生进行实验设计；第三，每个实验只给出"实验操作要点"，而不是详细的实验操作步骤，学生需要在遵守"实验操作要点"的基础上按照实验设计方案完成相应的"实验任务"，这样，给予了学生规划实验、创新实验的空间。

6. 引入数字化教学方式，通过扫描二维码拓展实验知识。在线资源丰富，除教学视频外，还有"项目式教学任务书"等，可满足学生多层次、个性化的学习需求。该方式既可提高学生实验预习过程的质量，也可降低教师的重复工作量，提升化工原理实验课堂的教学效率。

7. 引入两届全国大学生化工实验大赛西北赛区实验评分标准，提升学生实验操作规范性和实战性。该评分标准从实验准备、实验操作、实验报告、安全文明操作等方面对实验过程提出明确要求，对于化工原理实验教学具有一定指导意义。

8. 按照"两性一度"的"金课"标准，开发出具有高阶性、创新性，具备挑战性的实验项目。引导学生从实验设计、实验操作和实验总结全流程开展创新性教学实验，尊重学生开展工程科学实验的自主性和创造性，激发学生的实验兴趣，提升学生科学研究能力。

本书由中北大学化学工程与技术学院和中北大学化工综合国家级实验教学示范中心联合组织编写。贾广信担任主编，负责统稿。焦纬洲、李裕、李同川担任副主编，分别负责审稿、组稿和校对。全书由中北大学化工原理实验课程的一线任课教师共同编写。具体分工为袁志国（第5章）、张立新（第4章实验3、第6章实验3）、柳来栓（第4章实验11）、王苏（第4章实验16、17）、霍红（第4章实验1、2、9）、申红艳（第4章实验15）、赵慧鹏（第4章实验6）、康雪（第4章实验4）、李军平（第4章实验12）、李同川（第4章实验18、第6章实验4）、李裕（第4章实验5、8，第6章实验2）、焦纬洲（第4章实验7、13）、贾广信（第1~3章、第4章实验10、14，第6章实验1）。

本书在线资源由贾广信、焦纬洲、李裕共同制作，李同川担任在线资源视频顾问。

本书在编写过程中得到教育部高等学校化工类专业教学指导委员会副主任委员刘有智教授的亲切关怀，同时得到了祁贵生、王海宾、吴淑琴、高艳阳、高春强、董小瑞等专家学者的大力支持和热情帮助，在此表示诚挚感谢。

本书的出版得到了山西省"1331工程"化学工程与技术优势特色学科建设项目、山西省高等学校教学改革项目（J2019114"以工程实践能力培养为导向的化工类专业实践教学模式的改革与实践"）和（J2017065"化工原理课程立体学习系统的构建与实施"）、中北大学2019年高等教育教学改革创新项目"以项目式教学驱动面向新工科的化工原理实验课堂革命"和中北大学2017年教材建设立项项目的支持，在此表示特别感谢。此外，全书参考了近年来出版的诸多"化工原理实验"教材及各教学仪器、设备及软件说明书，在此一并表示感谢。

由于本书编写时间有限，书中难免有疏漏之处，恳请广大读者批评指正，便于后期修订。

编者

2019 年 9 月

第1章 化工原理实验基础知识

第2章 工程实验研究方法

第3章　化工测量技术与常用仪表

第4章　化工原理基础实验

第 5 章　化工原理仿真实验

第 6 章　化工原理实训

参考文献

二维码目录

第1章 | 化工原理实验基础知识

化工原理实验属于工程实践范畴，主要包含化工原理基础实验、仿真实验和实训。它是学生运用化工原理理论和工程实验方法来解决化工实际工程问题的重要实践课程。

化工原理实验在化工类专业教学过程中占有不可替代的重要地位。对于初步接触化工单元操作的学生或有关工程技术人员，通过化工原理实验，不仅可以掌握各种化工单元操作的工程知识和数据处理方法，而且可以学习到处理复杂工程问题的一系列实验研究方法。由于化工过程问题具有复杂性，并且受许多工程因素影响，因此很难从理论上作出定性或定量分析。学习并采用化工领域经过实验验证行之有效的"工程实验研究方法"，设计和开展相应的实验获得相关的结论就显得十分必要。

1.1 化工原理实验的目的和要求

1.1.1 化工原理实验的特点

化工原理实验是一门指导人们研究和处理化工过程实际问题的实践课程。该课程具有显著的现实性和特殊性。

（1）化工原理实验与化工原理课堂教学、课程实习、课程设计等教学环节相互衔接，构成一个有机整体。

（2）化工原理实验是学生接触到的工程性、实践性较强的实验课程。它不同于普通物理、无机化学、有机化学、分析化学、物理化学等基础课实验，每个化工原理实验项目都相当于化工生产中的一个单元操作，通过这些实验能够建立起一定的工程概念。

（3）在化工原理实验过程中会遇到大量的工程实际问题。学生可以有效地学到工程实验方面的概念、原理及测试手段；可以发现复杂设备与工艺过程同描述这一过程的数学模型之间的关系；还可以掌握如何利用化工基本理论和方法，对复杂的实际工程问题进行合理简化、准确表述，并顺利开展研究工作，为化工单元操作过程的设计和应用奠定基础。

因此，在化工原理实验课程中，学生将在思维方法、工程实践能力、创新能力、团队协作能力等方面得到培养和锻炼，为今后工作和研究奠定基础。

1.1.2 化工原理实验能力提升的目标和方法

根据"学生中心、结果导向、持续改进"的工程教育认证理念，结合教学大纲，学生将实现以下三方面能力的提升。

（1）实验规划和实验设计能力 能够根据特定实验项目的总体要求，通过预习实验内容、学习实验原理、设计实验方案、制订实验步骤和安全事项，掌握典型的解决实际工程问题的实验研究方法，具备一定的实验规划和实验设计能力。

（2）实验操作和科学研究能力　能够根据实验方案和实验步骤，熟练操作常见的流体输送、传热、传质及相关分离设备，正确获取实验数据，能够运用现代工具软件进行实验数据处理、作图和数据回归分析。能对实验结果进行分析和讨论，并做出科学解释，具备一定的实验操作和科学研究能力。

（3）团队协作和沟通交流能力　能够通过团队协作方式主动承担和顺利完成特定实验任务，能够规范地撰写实验研究报告，具备一定专业技术交流能力。

可通过以下五方面实践训练来达成以上目标。

（1）深入学习处理实际工程问题的研究方法　化学工程相关专业在长期发展中，已经形成了一系列处理工程实际问题的研究方法。本书通过查阅文献和自主整理，凝练出冷模实验法、直接实验法、数学模型法、量纲分析法、参数修正法、过程分解与合成法、过程变量分离法、参数综合法八种工程实验研究方法。这些方法已经在工程实践中得到验证并行之有效。

（2）透彻理解化工原理理论课程的理论和概念　化工原理实验与化工原理理论课程教学相互衔接，互为补充。化工原理实验是学生巩固传递原理和化工单元操作的理论知识，学习与之关联的其他相关知识的重要途径。

（3）融会贯通化工相关领域的知识和技术　化工原理实验除涉及需要学生掌握的化工原理基础知识外，还融合了其他一些领域的知识，如温度、压力、功率、液位、转速等物理量的测量技术知识；实验室用电、用气、用水等化工安全知识；Excel、Origin 和 Matlab 等工具软件在化工中的应用；环保、消防、应急处置、过程控制等方面的基础知识。通过化工原理实验，学生对化工相关领域的知识也会有一定的学习和实践，这将拓宽学生化工相关领域的知识面，一定程度提高学生的工程实践素养。

（4）项目式和案例式教学实践提升实验研究能力　理工科高等院校的学生，必须具备一定的实验研究能力。按部就班、固定模式的传统实验方法已经不能适应学生的要求。将化工原理实验逐步细化为一个个生动的工程实践案例和一个个具备实操实训的化工微项目，无疑可以激发学生实践兴趣，给学生一定的实验自由度，使实验项目具有一定的挑战性，进而达到提升学生实验研究能力的目的。

（5）严格执行实验评定标准，培养严肃认真的科学态度　严肃认真的科学态度是化工从业者的必备素养。如果在实验过程中粗心大意、敷衍了事，轻则实验数据不好，得不出正确结论，重则会造成设备或人身事故，造成重大损失。为此，对每个化工原理实验均应该从实验预习、实验操作、数据处理、撰写实验报告等各个环节制定详尽的实验评定标准并严格执行，促进实验人员养成严肃认真的科学态度。

1.1.3　化工原理实验课程内容

化工原理实验课程内容包括实验基础理论和实验两大部分。

（1）实验基础理论

① 化工实验基础知识，包括实验特点、实验目标、实验内容、实验流程、实验评价，实验前的流程设计、多变量实验规划、实验数据范围确定及数据布点，实验中的数据采集、安全规范、应急处置、消防环保，实验后的数据处理、软件作图、实验报告和实验论文撰写等内容；

② 处理工程问题的实验研究方法论，包括量纲分析法、数学模拟法在内的八个研究方法；

③ 化工测量方法和控制技术，主要包括压力、流量、温度、液位、功率、转速等基础内容。

（2）实验 为了适应不同专业、不同层次的教学要求，本书共编写了三类实验。

第一类，化工原理基础实验。针对化工原理理论课程中的流体流动、流体输送、非均相分离、传热、吸收、精馏、萃取、干燥、膜分离、吸附等单元操作开设的化工原理单元操作实验。

其中流体流动单元操作包括雷诺实验、伯努利实验（机械能转化）、流体流动阻力测定实验、流量计校正实验；流体输送单元操作包括离心泵特性曲线测定实验、离心风机特性曲线测定实验；非均相分离单元操作包括重力沉降和旋风分离器沉降实验、过滤实验；传热单元操作包括传热系数测定实验；吸收单元操作包括填料塔流体力学性能及传质系数测定实验；精馏单元操作包括筛板塔精馏实验和特殊精馏实验；萃取单元操作包括液-液萃取实验；干燥单元操作包括流化床干燥实验、洞道干燥实验；膜分离单元操作包括无机陶瓷膜分离实验和有机膜分离实验；吸附单元操作包括变压吸附实验。

第二类，化工原理仿真实验。在化工原理实验教学过程中，每个单元操作实验之前均需要进行化工原理仿真实验，鉴于篇幅所限，本书只介绍离心泵输送控制仿真实验和精馏系统仿真实验。

第三类，化工原理实训。重点对流体输送、传热、精馏、管路拆装过程开展综合性的实践训练。这4个实训是化学工程与工艺专业必选项目。

根据工程教育专业认证质量标准，化工原理实验课时为30～60学时，可安排6～12个不同类型的实验。针对不同专业、不同层次的教学对象，可对实验教学内容进行组合调整。实训课另计学时。

1.1.4 化工原理实验流程

中北大学的化工原理实验流程主要包括实验预约、实验预习、实验操作、撰写实验报告四个步骤（图1-1）。在实验前、实验中、实验后分别进行预习考核、操作考核和实验报告考核三项考核。

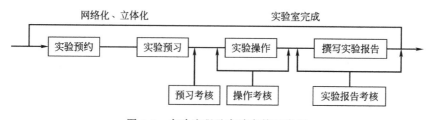

图 1-1 实验流程及实验考核示意图

（1）实验预约 为进一步提高化工原理实验的教学质量，方便学生针对实验项目和实验时间做出合理化安排，建议采用网络预约形式协助学生完成实验选课，且每套设备使用人数不超过3人。

（2）实验预习 学生必须认真阅读化工原理实验教材，复习化工原理理论基础知识。对每个实验提前进行预习，基本了解实验目的、实验内容和实验装置情况，进行必要的实验规划和流程设计，认真按照要求撰写实验预习报告，才可以进入实验室开展实验前准备工作。

（3）实验操作　实验操作主要包括正确启动设备、测定读取记录原始数据、整理和处理实验数据三个环节。该过程是整个实验教学中最重要的环节，要求学生在该过程中能够正确操作实验设备，认真观察实验现象，如实记录实验数据，并在实验结束后用计算机进行实验数据处理。

（4）撰写实验报告　能够对实验数据处理结果和实验过程进行分析讨论，运用自己的理论知识对实验结果进行科学合理的理论解释，并提出自己的见解。

1.1.5　化工原理实验评价

实验成绩主要由实验预习成绩、实验操作成绩和实验报告成绩三部分组成。化工原理实验课成绩由所选实验成绩取算术平均值得到。

（1）实验预习成绩评定标准　实验预习是对所做实验项目、实验内容、实验仪器、实验操作过程提前熟悉、了解，并做必要规划设计的过程。该过程不仅要反映在实验预习报告上，而且必须做到心中有数。

① 主要考核形式　实验预习报告＋预习前讲解及回答提问。

② 预习报告评定标准　内容完整、图表规范、实验步骤清晰、书写认真等。

③ 预习报告常见问题　内容不完整，有缺项；流程图只有图没有图标，或者有图标序号，但没有说明序号代表的设备名称；没用铅笔绘图；没用直尺绘图；字迹潦草等。

④ 预习前讲解及回答提问标准　能够流利讲解实验内容，能够准确回答教师提问。

⑤ 预习环节常见问题　进实验室前没有预习或者抄袭预习报告导致不了解实验内容；写了预习报告但不会讲解；讲解重点不突出；表述不清晰等。

（2）实验操作成绩评定标准

① 实验准备阶段　要熟悉实验装置，检查核对设备、仪表、阀门、管路、液位、按钮、钢瓶、试剂等的性能参数，提前确定调节范围。对实验过程中可能存在的安全及环保问题进行初步分析和判断。

② 实验操作阶段　能够按照一定的操作顺序正常开启实验设备，合理调节相关控制点，使整个装置处于稳定状态。

③ 实验数据采集阶段　能够正确测定并读取实验数据，能够规范使用各种测量仪器，测量操作正确。能够通过拍照、录视频、用秒表计时等方式辅助采集和固定实验数据和实验过程，随时关注并保留重要的实验信息。

④ 实验结束阶段　能够按正确步骤关闭实验设备，使设备、仪器恢复初始状态。

⑤ 团队协作与沟通交流评分　主要从小组人员分工、协调配合、沟通交流等方面进行考核。

⑥ 实验过程安全文明评分　主要从实验着装、操作的规范性、实验现场整洁程度及实验过程中学生是否有安全和环保意识等方面进行考核。

（3）实验报告成绩评定标准

① 数据处理　对在实验过程中获取的所有数据、图片和视频等信息进行合理化和规范化处理。

② 计算举例　能够运用 Excel、Origin、Matlab 等软件进行数据计算。以其中一组实验数据为例，按照相关要求，进行相应的数据处理。

③ 实验结果　能够运用 Excel、Origin、Matlab 等软件将计算结果通过图、表等其他形式展现出来，并辅以适当的文字来描述图、表中各参量的变化情况。经常有实验者将"实验结果"的文字描述内容写在"分析与讨论"的位置，这是不正确的。

④ 分析与讨论　分析与讨论是检验实验者是否能运用已有理论知识对实验现象和结果进行合理化解释的重要环节，也是实验评价的关键指标。分析与讨论可从以下方面展开：a. 对实验过程中的异常现象进行分析与讨论，说明影响实验的主要因素；b. 从理论上对实验所得的结果进行分析；c. 将实验结果与他人的实验结果进行对比，分析实验结果的异同并解释；d. 分析实验结果在生产实践中的价值和意义，预测推广和应用效果等；e. 对实验图表中的数据拐点和异常数据点进行解释和说明；f. 由实验结果提出进一步的研究方向，对实验方法和装置提出改进建议等；g. 分析实验误差的大小和产生原因，提出降低实验误差的具体方法和途径。

全国大学生化工实验大赛西北赛区全环节实验评分标准请扫描二维码阅读。

全国大学生化工实验大赛西北赛区全环节实验评分标准

由于化工原理实验的相关理论知识纷繁复杂，必要时可在所有实验结束后增加卷面考试环节，以总结和提高实验教学效果。

1.2　实验前的必备知识

面对全新的实验任务和实验项目，如何进行实验流程设计、如何规划多变量实验、如何确定实验数据范围并合理布点，是实验人员需要考虑的问题。

1.2.1　如何进行实验流程设计

流程设计是化工原理实验过程中的一项重要工作。化工实验装置是由各种单元设备和测试仪表，通过管道、阀门、管件等连接件组合而成的整体，因此在掌握了实验原理，确定了实验方案之后，要根据相关要求和规定进行实验流程设计，并根据设计结果搭建实验装置，以完成实验任务。

化工原理实验流程设计的内容如下。

（1）选择主体设备　主体设备就是在整个实验过程中起到关键作用的设备，是实验工作的重要载体。例如，在流体输送机械实验中，不同型号及性能的泵就是主体设备；在精馏实验中，不同结构的板式塔或填料塔就是主体设备；在传热实验中，不同结构的换热器就是主体设备。

（2）确定检测点和检测方法　为了获取完整的实验数据，必须设计足够的检测点，并配备有效的检测方法。在实验中需要测定的数据，可以分为工艺数据和设备性能数据两大类：

工艺数据主要包括物料的流量、温度、压力及浓度，主体设备的操作压力和温度等；设备性能数据主要包括主体设备的特征尺寸、功率、效率、处理能力等。

(3) 确定控制点和控制手段　设计流程必须要确定完备的控制点和控制手段，以保证整套实验装置是可操作和可控制的。可操作就是既能满足正常操作的要求，也能满足开、停车等操作的要求；可控制就是能控制外部因素扰动的影响。

化工原理实验流程设计的步骤如下。

① 根据实验基本原理和实验任务，选择主体单元设备，再根据实验需要和操作要求配套附属设备。

② 根据实验原理找出所有的原始变量，据此确定检测点和检测方法，并配置必要的检测仪表。

③ 根据实验操作要求确定控制点和控制手段，配置必要的控制或调节装置。

④ 画出实验流程图。

实验流程图主要包括工艺过程流程图和带控制点的工艺流程图。这两个流程图部分内容相同，但前者应包括物料流向、主要操作条件、物料组成、设备特征等信息，后者还应包括所有的管道，以及检测、控制、报警系统等。

化工原理实验中应该要求学生绘制带控制点的工艺流程图。绘制步骤：a. 画出主体设备及附属设备示意图；b. 用标有物料流向的直线，将各设备连接起来；c. 在相应设备或管路上标注出检测点和控制点。

1.2.2　如何规划多变量实验

化工实验中常用的实验规划方法如下。

(1) 正交实验设计法　正交实验设计法是用正交实验表安排多变量实验的方法，是研究者进行科学研究的重要而常见的方法之一。

该方法的特点是：①完成实验项目所需的实验次数少；②实验数据点分布均匀；③可以很方便地应用方差分析方法、回归分析方法等对实验结果进行处理，获得许多有价值的信息。

采用正交实验设计法，可以在变量较多和变量之间存在相互影响的情况下进行实验设计。而且可以通过实验数据的统计分析直接获得因变量与各自变量之间的关系式。此外，还可鉴别出各自变量对实验结果的影响程度，进而确定哪些变量的影响是重要的，需要在实验研究中重点考虑；哪些变量的影响是次要的，可在研究过程中做一般考虑。

(2) 均匀实验设计法　均匀实验设计法是将实验点在实验范围内均匀分布的一种实验设计方法，它需要通过配套的均匀设计表来安排实验。当实验因素变化范围较大，需要取较多水平数时，均匀设计可以大幅度减少实验次数。对均匀实验设计法设计的实验所得的数据结果进行分析，可以判定所考察的因素中哪些是主要的，哪些是次要的，从而确定出最好的实验条件，得到最优方案。

(3) 序贯实验设计法　序贯实验设计法是一种近年来在国内外开始运用的先进的科学实验研究方法。它的基本思想是：在预设计并完成部分必要数量的实验后，用计算机进行数据处理，提炼出所得信息，依据特定准则，寻求出后续最佳实验条件点，完成该条件点下的实验后，继续进行信息处理与下一最佳实验条件点的搜索，如此，较快地从少量的实验中获得高精度的研究结果。

在以数学模型参数估计和模型筛选为目的的实验研究过程中，非常适合采用序贯实验设计法。这样，实验信息在研究过程中得到有效交流反馈，保证实验者及时对实验方案进行调整，使后续的实验安排在较优条件下进行，从而节省大量的人力、物力和财力。

1.2.3　如何确定实验数据范围并合理布点

在实验规划中，正确选择实验变量的变化范围和安排实验点的位置是十分重要的。如果变量的变化范围或实验点的位置选择不恰当，会浪费时间、人力和物力，最终导致错误的结论。

在实验布点时应当有意识地在曲线拐点、曲线变化比较剧烈的数据范围内适当多布点，在变化规律不明显的范围内适当少布点，以最大限度减少实验工作量。例如，在离心泵特性曲线测定实验过程中，随着流量 q_V 的增大，离心泵的效率 η 先是随之增大，到达最高点之后，流量再增大，离心泵的效率随之降低，参见图1-2。图中 $\eta\text{-}q_V$ 曲线最高点附近应该多布点，另外，如果 q_V 变化范围较窄，将得不到完整的变化规律。若将有限的数据结果进行外推，则将导致错误的结论。

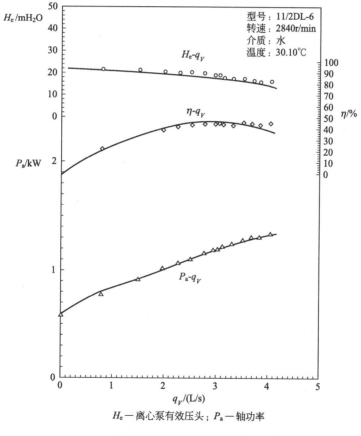

H_e—离心泵有效压头；P_a—轴功率

图 1-2　离心泵特性曲线

这个例子说明，如果实验设计存在缺陷，靠精确的实验技巧或高级的数据处理技术都不能弥补。相反，选择适当的实验变量范围和实验点的位置，即使数据少些，最终也能达到实验目的。因此，在化工原理实验中，恰当的实验变量范围和实验点位置比实验数据的精确性更为重要。

1.3 实验中的必备知识

在实验过程中如何采集实验数据、如何保证实验过程安全、如何处置实验过程的意外事故、如何使用实验室的消防设施、如何操作才符合环保规范，都是实验人员应该注意的问题和必备知识。

1.3.1 如何采集实验数据

采集实验数据是整个实验过程中最为关键的环节。采集错误的实验数据将会导致错误的结论。为此，必须有严格的采集实验数据规范。

（1）必须事先拟好记录表格，写明实验装置台号、序号、参数项目、单位，反复检查有无遗漏。各项读数单位必须统一，中间有变更必须特别注明。每项读数的单位应该在其项目栏中写明，不要和数据写在一起。

（2）设备各部分运转正常、稳定之后才能读取数据。当变更实验条件之后，各项参数重新达到稳定并持续一段时间方可读数。

（3）同一实验条件下不同的参数最好是几个人同时读取。一个人读取数据时应尽可能地快捷，记录数据时最好同时记录时间。

（4）每次读数都应当与前一组数据对照，看相互关系是否合理。如果不合理，应该及时查找原因，并确认是现象反常还是读取错误，在记录表中作出注明。

（5）有些实验参数看似是常数，但从整个过程来看，可能也会有明显的变化，必须逐次记录。如果只记录实验开始或结束的数据，就会造成实验结果的偏差。

（6）读取数据时必须读至仪表最小分度的下一位数，这位数为估读值。但过多的估读位数是没有必要的。

（7）有些参数在实验中波动比较大时，应该设法减小其波动。例如压差计读数的波动，可以通过关小测压管进口阀门，增大阻尼来减小数据波动。读数时可以记录一次波动的最高点及最低点的数据，然后取平均值。

1.3.2 如何保证实验过程安全

化工原理实验室和其他的基础化学实验室不同，每一个实验相当于一个小型单元生产操作。实验中，化工单元操作设备、电气仪表、机械传动设备等组合为一体。初次见到这类实验装置，应该对实验的用电、用水、用气及化工原料特点等安全知识做相应的了解。为了安全、顺利地完成实验，必须掌握一定的用电、用气、用试剂及用水安全知识。

1.3.2.1 如何安全用电

化工原理实验涉及较多的电气设备，某些电气设备的电负荷比较高，必须注意安全用电操作规范。

（1）进入实验室之前，要清楚实验室内的总电闸和分电闸的位置，以便出现用电事故时及时切断电源。

（2）实验室内的电气设备功率不要超过电源的总负荷。

（3）接通实验设备电源前，必须认真检查电气设备和电路是否符合规定要求。

（4）掌握整个实验装置的启停顺序，检查电气设备是否漏电。

（5）所有带金属外壳的电气设备都应该接零保护，并需定期检查。

（6）在接触或者操控电气设备时，人体不能直接接触设备的导电部分。

（7）所有的电气设备在带电时不能用湿布进行擦拭，更不能让水落在电气设备上，不允许用电笔去试高压电。

（8）维修电气设备时，必须停电。例如接保险丝时，一定要先拉下电闸后再进行操作。

（9）在启动电机前，需要用手转动一下电机的轴；合上电闸之后，立即查看电机是否已经转动；如果不转动，应该立即拉下电闸，否则容易烧毁电机。如果电源开关是三相刀闸，合拢电闸必须快速，而且要合到底，否则容易造成三相电路中有一相实际上没有接通的情况，这同样容易烧毁电动机。

（10）电气设备上的导线接头必须紧密牢固，裸露在外的部分必须用绝缘胶布包好，或用塑料绝缘管套牢。

（11）保险丝、保险管或者熔断丝都应该严格按照电流的标准使用，不能任意加大，更不能用铜丝或者铝丝来代替。

（12）在操作负荷较大的电气设备时，不要用两手同时接触。

（13）在实验过程中如果发生停电，必须关闭电源，并把电压或电流调节器调至零位状态。否则在供电恢复时，用电设备会在较大功率下运行，有可能造成电气设备的损坏。

（14）在实验结束以后，应及时关闭实验设备的电源，拉下实验室总电闸。

1.3.2.2　如何安全使用实验室气体

化工原理实验中所用的气体种类较多，一类是具有刺激性的气体，例如氨气，这类气体的泄漏一般容易被发觉。另一类是无刺激性但有毒性或易燃易爆的气体，例如气相色谱仪用到的氢气，其室温下在空气中的爆炸范围为 $4\% \sim 75.2\%$（体积分数）。在使用这些有毒或易燃易爆气体时，系统一定要严密不漏，尾气要导出室外，并注意室内通风。

实验室的气体大部分都是通过高压钢瓶进行储存和输送的。高压钢瓶是一种储存各种压缩气体或液化气体的高压容器，由碳素钢和合金钢制成，其容积一般为 $40 \sim 60L$，适用于装载压力在 15MPa 以下的气体。钢瓶主要由筒体和瓶阀组成，其他附件还有保护瓶阀的安全帽、开启瓶阀的手轮、在运输过程中防止震动的橡胶圈。另外，高压钢瓶在使用时瓶阀的出口还要安装减压阀和压力表。

标准高压钢瓶是按照国家标准制造，并经有关部门严格检验后使用。标准钢瓶在存放期间，必须定期进行水压实验。经过检验合格的钢瓶，在瓶肩上用钢印打上下列信息：制造厂家、制造日期、钢瓶型号和编号、钢瓶质量、工作压力、水压实验压力、水压实验日期和下次实验日期等。

各类钢瓶的表面都应该涂上一定颜色的油漆，其目的不仅是为了防锈，主要是能从颜色上迅速辨别钢瓶中所储存气体的种类，以免混淆。

常用各类钢瓶的颜色及其标志如表 1-1 所示。

使用气体的主要危险是钢瓶可能爆炸和漏气。已充气的钢瓶爆炸的主要原因是受热膨胀，压力超过钢瓶的最大负荷。如果瓶颈的螺纹损坏，当内部压力升高时，气体冲出瓶颈，钢瓶会向放出气体的反方向高速飞行。另外，钢瓶坠落或撞击硬物时也会发生爆炸，均可造成很大的破坏和伤亡事故，需要格外注意。

表 1-1　常用各类钢瓶的颜色及其标志

气体种类	工作压力/MPa	水压实验压力/MPa	钢瓶颜色	文字	文字颜色	阀门出口螺纹
氧	15	22.5	浅蓝色	氧	黑色	正扣
氢	15	22.5	暗绿色	氢	红色	反扣
氮	15	22.5	黑色	氮	黄色	正扣
氦	15	22.5	棕色	氦	白色	正扣
压缩空气	15	22.5	黑色	压缩空气	白色	正扣
二氧化碳	12.5(液)	19	黑色	二氧化碳	黄色	正扣
氨	3(液)	6	黄色	氨	黑色	正扣
氯	3(液)	6	草绿色	氯	白色	正扣
乙炔	3(液)	6	白色	乙炔	红色	反扣
二氧化硫	0.6(液)	1.2	黑色	二氧化硫	白色	正扣

为了确保安全,在使用钢瓶时一定要注意以下几点。

(1) 钢瓶应该存放在阴凉、干燥、远离热源的地方。阳光、炉火、实验室内高温设备都是容易引起爆炸的热源。高压钢瓶不能受阳光直射或靠近热源,以免气体受到膨胀而引起钢瓶爆炸。

(2) 应尽可能避免可燃性气体钢瓶和氧气钢瓶在同一个房间使用,避免两种钢瓶气体同时漏气遇明火而着火或爆炸。

(3) 按照远离明火的规定,可燃性气体钢瓶与明火距离应保持在 10m 以上。

(4) 搬运气体钢瓶时要轻拿轻放,一定要把瓶帽旋上,橡胶防震圈要牢固。钢瓶使用时必须牢固地固定在墙壁上或者实验台旁边,最好有钢瓶支架紧固。

(5) 钢瓶使用前必须要安装减压阀和气体压力表,不经过这些部件而直接让系统与钢瓶连接是十分危险的。各种气体压力表不得混用。一般可燃性气体的钢瓶气门螺纹是反扣的,比如氢气。不燃性或助燃性气体的钢瓶气门螺纹是正扣的,如氮气和氧气。

(6) 绝对不允许其他易燃有机物黏附在钢瓶之上,也不可用麻棉等物品堵漏,防止燃烧。

(7) 开启钢瓶阀门及调节压力时,人不要站在气体出口的前方,头不要在瓶口之上,而应该在钢瓶的侧面,以防止钢瓶的总阀门或气压表冲出伤人。

(8) 当钢瓶使用到压力为 0.5MPa 以下时,应该停止使用。压力过低会给充气带来不安全因素。当钢瓶内的压力与外界压力相同时,会造成外界空气的进入。

(9) 钢瓶在使用时应该注意钢瓶的颜色,不要用错。

(10) 当瓶阀等出现故障时,不要擅自拆卸瓶阀或瓶阀上的零件,必须交由钢瓶生产厂家进行处理。

1.3.2.3　如何安全使用实验室药品试剂

化工原理实验中的精馏实验、吸收实验、特殊精馏实验、萃取实验等可能会用到乙醇、苯、甲苯、丙酮、氨气、二氧化碳、硫酸、氢氧化钠、汞等试剂。这其中包含了一些易燃、易爆、易制毒试剂。需要关注这些危险试剂大致的类型及特性,同时一般试剂也要安全规范使用。

（1）易燃品　易燃品是指容易燃烧的液体、液体混合物或含有固体物质的液体。易燃液体在化工原理实验室内容易挥发和燃烧，达到一定浓度时，遇到明火就容易起火。如果密封容器内着火，会造成密封容器因超压而破裂、爆炸。因此，存放这类液体周围相当远的地方必须严禁明火，且远离电热设备和其他热源，也不能同其他危险品放在一块，以免危险品着火后蔓延回传，引燃容器中的液体。

精馏实验及特殊精馏实验过程中会涉及一些有机溶液的加热，其蒸气在空气中达到一定浓度时，能与空气中的氧气构成爆炸性的混合气体，这种混合气体如果遇到明火就会发生闪燃爆炸。

在实验过程中，如果认真严格地按照安全操作规程来进行，是不会有危险的。爆炸发生必须具备两个条件：可燃物在空气中的浓度在爆炸极限范围之内和有火源存在。防止爆炸的方法就是使可燃物在空气中的浓度在爆炸极限以外和避免明火。因此在实验过程中必须保证精馏装置密封良好，保证实验室通风良好。进行精馏易燃液体有机物分离操作，液体体积绝对不允许超过容器体积的 2/3。

在加热和操作过程中，操作人员不得离岗，不允许在无操作人员监视下进行加热操作。禁止在室内使用明火和敞开式的电热设备，也不能加热过快致使液体急剧汽化，冲出容器，不能让室内有产生火花的一切必要条件存在。

（2）有毒品　有毒品是指进入人体以后，累积达到一定量时，能与体液、组织和器官发生生物化学作用或生物物理学作用，扰乱和破坏人体正常生理功能，引起某些器官和系统暂时性或持久性的病理改变，甚至危及生命的物品。

有毒品可以按照对人体危害程度的不同分为剧毒、致癌、高毒、中毒和低毒等类别。使用有毒品时，应当十分小心，防止中毒。实验室应该有专人管理有毒品，建立购买、保存、使用档案。

剧毒品的使用与管理必须符合国家规定的五双条件：两人管理，两人收发，两人运输，两把锁，两人使用。

化工原理吸收实验中可能用到的丙酮、精馏实验中可能会用到的甲醛等都属于此类有毒品。

在化工原理实验中，往往被人们忽视的有毒品是压差计中的汞。汞的毒性很大，而且是积累性的毒物，进入人体之后不易排出。汞的安全使用规范如下。

① 汞不能直接暴露于空气中，在使用汞的压差计时，必须在汞的液面上用水或者其他液体覆盖。

② 实验操作之前应该检查用汞仪器的安置和仪器连接处是否牢固，及时更换已经老化的橡皮管。橡皮管或者塑料管的连接处，要用金属丝捆牢，以免在实验过程中脱落，使汞流出。

③ 当有汞掉在地上、桌面上或者水槽等地方时，应尽可能用吸汞管将汞滴收集起来，再用金属片在汞滴溅落处多次刮扫，最后用硫黄粉覆盖在汞滴溅落处，并适当摩擦，使得汞滴变为 HgS（也可以使用高锰酸钾溶液使其氧化）。擦过汞的布或者纸应当放在有水的陶瓷缸内统一处理，因为细小汞滴的蒸发面积大，容易蒸发汽化。切记，不能使用扫帚扫或者用水将其冲刷到地沟。

④ 装有汞的仪器应该避免受热，保存汞的地方应该远离热源，严禁将装有汞的容器放

入烘箱。

⑤ 使用汞的实验室要有良好的通风设备，并保持经常性通风排气。

（3）易制毒化学品　易制毒化学品是指可用于非法生产、制造或合成毒品的原料、配剂等化学药品，包括用于制造毒品的原料前体、试剂、溶剂及稀释剂、添加剂等。易制毒化学品本身并不是毒品，但往往具有双重性：既是一般医药化工生产的工业原料，又是生产制造或合成毒品中必不可少的化学品。

化工基础吸收实验中可能会用到的丙酮、精馏实验中可能会用到的甲苯都属于受管制的三类药品。这些易制毒化学品应按规定实行分类管理。

使用储存易制毒化学品的单位必须建立、健全易制毒化学品的安全管理制度。单位负责人负责制定易制毒化学品的安全使用操作规程，明确安全使用注意事项，并督促相关人员严格按照规定操作。

（4）腐蚀性化学品　应该特别注意腐蚀性化学品的使用规范。

① 稀释硫酸时不可把水注入酸中。

② 量取浓酸或者类似液体时只能用量筒，不能用移液管量取。

③ 盛酸瓶用完以后应立即用水清洗干净。

④ 若酸溅洒到了身体的某个部位，应用大量的水冲洗。

⑤ 浓氨水和浓硝酸最好用布或者纸覆盖以后再开启瓶盖。

1.3.2.4　如何安全用水

① 实验室水龙头、阀门要做到不漏、不滴、不冒，不放任自流，下水道堵塞要及时疏通，发现问题要及时报修。

② 实验室停水时，要检查水龙头是否都拧紧。开水龙头时发现停水，要随即关上水龙头。

③ 实验室有水溢出时，应及时处理，以防止渗漏。

④ 如果长期不做实验，拧开水龙头时流出的水浑浊且发黄，这是管材内壁生锈造成的。直接打开水龙头放一段时间水，即可恢复正常。

⑤ 实验室用自来水管连接冷凝装置的胶管容易老化、滑脱，所以这些胶管一般采用厚壁橡胶管，且应 1~2 个月更换一次。

⑥ 冷凝装置用水的流量要适当，防止压力过高导致胶管脱落。原则上，最后离开实验室时要关闭冷凝水。

⑦ 提倡使用循环水真空泵等设备循环用水，最大限度节约水资源。

⑧ 用水设备的防冻保暖。为了室外水管和水龙头的防冻，可以用麻织物或者绳子对其进行包扎。对已经冻坏的水龙头、水表、水管、暖气管等，应该先用热毛巾包裹，然后浇温水，使其解冻。再拧开水龙头，用温水沿水龙头慢慢向水管浇洒，使水管解冻。若浇至水表处仍不见有水流出，则说明水表也冻住了，此时再用热毛巾包在水表上，用温水（不高于 30℃）浇洒，切忌用火烘烤。

1.3.3　如何处置实验过程的意外事故

在实验操作中，可能会发生触电、着火、中毒等意外事故。为了及时抢救，防止事故影响进一步扩大，应立即采取果断措施进行应急处置。

① 触电　应立即拉下电闸，切断电源，使触电者脱离电源，或戴上橡胶手套，穿上胶底鞋或脚踏干燥木板绝缘后将触电者从电源上拉开。然后将触电者移至开阔地方，解开其衣服，进行人工呼吸及体外心脏按压，并立即找医生处理。

② 着火　如一旦着火，应保持沉着冷静。首先切断电源，关闭所有加热设备，移开附近可燃物，并关闭通风装置，减少空气流通，防止火势蔓延。要根据起火原因和火势选择适当的处理方法，一般情况下的小火用湿布、湿棉布或沙子覆盖燃烧物即可扑灭；火势较大时应该采用灭火器进行灭火或拨打 119 求救。

③ 吸入刺激性或有毒气体　立即到室外呼吸新鲜空气。如有昏迷休克、虚脱或身体机能不全者，可施以人工呼吸，必要时给予氧气、浓茶和咖啡等。

④ 毒物入口　对于误饮入强酸或强碱者，先使其饮用大量的水，然后服用氢氧化铝膏、鸡蛋白或者醋、醋果汁，再以牛奶灌注。对于摄入刺激剂及神经性毒物者，先给予适量牛奶或鸡蛋白使毒物立即冲淡缓和，再内服 5%～25% 的硫酸铜溶液，最后用手指伸入其喉咙促使呕吐，然后立即送医。

⑤ 酸或碱溅入眼内　立即用大量水冲洗，然后用 1% 的碳酸氢钠溶液（酸入眼）或 1% 的硼酸溶液（碱入眼）冲洗，再用水冲洗。

⑥ 酸或碱灼伤　被酸或碱灼伤以后，应该立即用大量的水清洗。然后用饱和碳酸氢钠溶液或 2% 的醋酸溶液清洗，最后再用水清洗。严重时要消毒，灼伤处擦拭干净以后涂烫伤油膏。

⑦ 烫伤　烫伤之后切勿用水冲洗，轻伤只需要涂以烫伤油膏、玉树油、鞣酸油膏或黄色的苦味酸溶液，重伤要涂以烫伤油膏，并立即去医院治疗。

⑧ 割伤　取出伤口中的玻璃碎片或其他固体物，抹上红药水，并包扎。

1.3.4　如何使用实验室的消防设施

实验操作人员必须了解消防知识，实验室内必须配备足够数量的消防器材。教师和学生应当熟悉消防器材的存放位置和使用方法，绝不允许将消防器材挪作他用。实验室常用的消防器材包括以下几种。

（1）沙箱　易燃液体和其他不能用水灭火的危险化学品着火时可用沙子来扑灭。它能隔断空气并起到降温作用而灭火。但沙子中不能混有可燃性杂物，并要保持干燥。潮湿的沙子遇火后因水分蒸发会使燃着的液体飞溅。沙箱中存沙有限，而实验室内不能存放过多的沙箱，所以这种灭火器具只能扑灭局部小规模的火，对于不能覆盖的大面积火情作用不大。此外，还可以使用不燃性的固体粉末灭火。

（2）石棉布、毛毡或湿布　这些器材适用于迅速扑灭火源区域不大的火情，也是扑灭衣服着火的常用方法。其原理是隔绝空气，达到灭火目的。

（3）泡沫灭火器　实验室多用手提式泡沫灭火器。它的外壳由薄钢板制成，内有一个玻璃胆，其中盛有硫酸铝，胆外装有碳酸氢钠溶液和发泡剂（甘油精）。灭火液由硫酸铝、碳酸氢钠及甘油精组成。使用时将灭火器倒置，马上会发生化学反应，生成二氧化碳泡沫。

（4）四氯化碳灭火器　该灭火器的钢筒内装有四氯化碳，并压入 0.7MPa 的空气，因而具有一定的压力。使用时将灭火器倒置，旋开手阀，四氯化碳即喷出。它是不燃性液体，比空气重，能覆盖在燃烧物表面，使之与空气隔绝而灭火。它适用于扑灭电气设备的火灾，四氯化碳有毒，使用时要站在上风侧。室内灭火后应该打开门窗通风一段时间，以免中毒。

(5) 二氧化碳灭火器 二氧化碳灭火器的钢筒内装有压缩的二氧化碳。使用时旋开手阀，二氧化碳就能急剧喷出，迅速使燃烧物与空气隔绝，同时降低空气中的氧含量。当空气中含有12%～15%的二氧化碳时，燃烧会立即停止。但使用时要注意防止现场人员窒息。

(6) 其他灭火器 干粉灭火器可以扑灭易燃液体、气体及带电设备引起的火情。1211灭火器适用于扑救油类、电气类以及精密仪器的火情，在一般实验室内使用不多。对大型及大量使用可燃物的实验场所，应该配备此类灭火器。

1.3.5 如何操作才符合环保规范

要注意实验室的环境，应该制定实验室环保操作规范。

① 处理废液、废弃物时，一般要戴上防护眼镜和橡胶手套，有时还要穿防毒服装。处理有刺激性或挥发性的废液时，要戴上防毒面具在通风橱内进行。

② 接触过有毒物质的器皿、滤纸等要收集后集中处理。

③ 废液应该根据物质性质不同，分别收集在废液桶内，贴上标签，以便处理。在收集废液时要注意，有些废液不可以混合，如过氧化物与有机物、盐酸等挥发性酸与不挥发性酸、铵盐及挥发性胺和碱等。

④ 实验室内严禁进食，离开实验室要洗手，如面部或身体被实验室内物品及试剂污染，必须要清洗。

⑤ 实验室内应采取通风、排毒、隔离等安全环保防范措施。

1.4 实验后的必备知识

1.4.1 如何处理实验数据

实验数据处理方法一般可以分为列表法、图示法和回归分析法三种。

(1) 列表法 将实验数据按自变量与因变量的对应关系以数据表格形式列出，即为列表法。列表法具有制表容易、简洁、紧凑、数据便于比较的优点，是绘制曲线和将数据整理成为数学模型的基础。

实验数据表分为原始数据记录表、整理计算数据表和最终结果数据表三种。

原始数据记录表应该根据实验内容设计，以清楚地记录所有待测数据。该表必须在操作前绘制好。参见表1-2流体阻力实验原始数据记录表。

表 1-2 流体阻力实验原始数据记录表

实验装置编号：第____套 管径____m 管长____m 平均水温____℃ 实验时间____年____月____日

序号	流量 V/(L/h)	压差计示值				备注
		kPa	cmH$_2$O			
			左	右	压差	
1						
2						
⋮						
n						

整理计算数据表可以分为中间计算结果表（列出实验过程主要变量的计算结果）、综合结果表（表达实验过程中得出的结论）和误差分析表（表达实验值和参照值或理论数值的误差范围）。在实验报告中要用到哪几个表，应根据具体情况来定。表 1-3 是流体阻力实验整理计算数据表。表 1-4 是流体阻力实验误差分析结果表（即中间计算结果表）。综合结果表是根据实验结论列出的表格，在此省略。

表 1-3　流体阻力实验整理计算数据表

序号	流量 $V/(m^3/s)$	平均流速 $u/(m/s)$	压力损失值 $\Delta p_f/kPa$	雷诺数 Re	摩擦系数 λ	$\lambda\sim Re$ 关系式
1						
2						
⋮						
n						

表 1-4　流体阻力实验误差分析结果表

$\lambda_{实验}$	$\lambda_{理论}(\lambda_{经验})$	相对误差/%
1		
2		
⋮		
n		

（2）图示法　图示法是表示实验中各变量之间关系最常用的方法。它将实验中得到的离散数据点标绘在适宜的坐标系中，然后将数据点连成光滑的曲线或直线。图示法的优点是直观清晰、方便比较、容易看出数据点的极值、转折点、周期性变化以及其他特性。除此之外，绘制的曲线图形还可以在尚未知晓数学表达式的情况下进行微积分运算、求外推值等，因此得到了广泛的运用。

如何选择适当的坐标系和合理确定坐标分度是应用图示法经常遇到的问题。

化工原理实验中常用的坐标系有直角坐标系（笛卡尔坐标系）、单对数坐标系和双对数坐标系。市面上有相应坐标纸出售，也可以选择数据处理软件来图示数据。

普通的直角坐标系横坐标轴和纵坐标轴都是分度均匀的坐标轴。单对数坐标系一个轴是分度均匀的普通坐标轴，另外一个轴是分度不均匀的对数坐标轴，见图 1-3。双对数坐标系中两个坐标轴均为分度不均匀的对数坐标轴，见图 1-4。

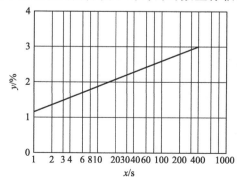

图 1-3　单对数坐标系

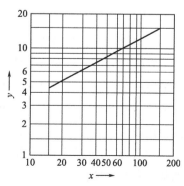

图 1-4　双对数坐标系

实验人员应该根据变量之间的函数关系选择合适的坐标系，尽量使实验数据的图像接近于直线，以便拟合处理。

一般情况下，自变量 x 和因变量 y 的值接近于直线关系 $y=ax+b$ 时，可以选用普通坐标系；接近于指数关系 $y=a^{bx}$ 时可以选用单对数坐标系；接近于幂函数关系 $y=ax^b$ 时可以选用双对数坐标系。

（3）回归分析法　在化工原理实验中，常对实验数据进行回归分析得到数学方程式，用以描述自变量和因变量之间的关系。回归分析法也叫数学方程表示法、公式法或函数法，有的教材也叫数学模型法。

回归分析法所用数学方程的形式选择原则是：既要形式简单，所含参数少，同时也能够准确地表达实验数据之间的关系。但要同时满足这两个条件，往往很难做到。通常是在保证必要的准确度前提下，尽可能选择简单的线性关系形式，或者经过适当方法能转换成线性关系形式。

1.4.2　如何运用软件进行数据作图和数据拟合

运用 Excel、Origin、Matlab 软件对实验数据作图和数据拟合，是实验研究者必备的技能。

运用 Excel 对数据作图可扫描下方二维码阅读。

运用 Excel 软件处理数据

1.4.3　如何撰写实验报告

实验报告是实验工作的全面总结和系统概括，是实验环节的重要组成部分。撰写实验报告能有效培养学生对学术性研究课题的总结和写作能力。

化工原理实验具有显著的工程属性。它的研究对象是工程实际问题。化工原理实验报告一般用开课学校统一印制的实验报告册（或单页纸）来撰写。实验报告一般包括基本信息、实验目的、实验原理、实验装置和流程、实验操作步骤、实验数据记录、实验数据处理、实验结论、实验结果的分析和讨论等内容。对于化工原理实验中一些开放性、探索性的实验项目，宜采用一般科技论文或研究报告的形式撰写实验报告。无论何种形式的实验报告，均应具备学术性、科学性、理论性、规范性、创造性和探索性。

实验报告的内容有如下要求。

① 基本信息。包括实验名称、实验人员姓名、班级及同组实验人员姓名、实验地点、指导老师、实验日期。

② 实验目的。说明为什么要进行本实验，要解决什么问题。

③ 实验原理。说明实验所依据的基本原理，包括与实验有关的主要概念、重要定律、重要公式及重要的推算过程。

④ 实验装置流程图。画出实验装置流程图和测量点、控制点的具体位置，在图中给各设备、仪器、仪表及调节阀编号，在图下方写出图名，并按编号给出对应的设备仪器等的名称。

⑤ 实验操作步骤。写出详细的实验操作步骤，并在每步前面加上序号，使之条理清晰。对操作过程的说明要简单明了，严禁照抄实验教材上的内容。

⑥ 注意事项。对于一些容易引起设备仪器损坏或容易发生危险，以及一些对实验结果影响比较大的操作，应在注意事项中注明。

⑦ 实验数据记录。记录实验过程中测量的数据。读数方法要正确，数据要准确，要根据仪表的精度决定实验数据的有效数字位数。

⑧ 实验数据处理。要求将实验原始数据进行整理、计算，并将其制成便于分析讨论的图和表。绘制的图要直观地表达变量之间的关系，表要容易显示数据的变化规律及各参数之间的相关性。

⑨ 数据处理计算过程举例。以某一组原始数据为例，把主要计算过程列出，以说明数据整理表中的结果是如何得到的。

⑩ 实验结果的分析与讨论。对实验结果进行分析和讨论是实验人员理论水平的具体体现，也是对实验方法和结果进行综合分析和研究的过程体现，是工程实验报告的重要内容之一。

⑪ 实验结论。实验结论是根据实验结果做出的有价值、有意义的判断，得出的结论既要符合实际情况，也要有理论依据。

第 2 章 | 工程实验研究方法

化学工程实验研究的困难在于所涉及的物料组成千变万化，设备形状、尺寸相差悬殊，工艺条件数量众多。如果采用通常的实验研究方法，必须遍及所有的流体、一切可能的设备几何尺寸和工艺条件组合，其浩繁的实验工作量和实验难度是人们难以承受的。能不能用某一物料进行实验，在物料种类上"由此及彼"？能不能只在小设备上进行实验，在设备尺寸上"由小见大"？能不能只做少量的探索性实验即可归纳出简单的可用于工业设计的数学方程？这些想法可以通过学习化工实际工程问题的实验研究方法得以实现。

在化学工程基础理论的发展过程中，除了生产经验的总结之外，已经形成了一些行之有效的用以解决这类实际工程问题的实验研究方法。主要包括：冷模实验法、直接实验法、数学模型法、量纲分析法、参数修正法、过程分解与合成法、过程变量分离法、参数综合法等。掌握这些方法是化工原理实验的重要教学目的。

2.1 冷模实验法

冷模实验法，全称为冷态模型实验法。对反应器的开发来说，冷模实验法就是在没有化学反应的条件下，利用水、空气、沙子、瓷环等廉价模拟物料进行实验，以探明反应器中传递过程的规律。

在进行化学反应器放大研究时，一般认为其中发生传递过程和化学反应。设备尺寸主要影响流体流动、传热和传质等传递过程，而不会影响化学反应。因此，用小型装置获得化学反应规律后，在大型装置中只需考察传递过程规律，而无需再进行化学反应研究。这样就简化了实验研究过程，大大节省实验时间和费用。

在塔板的开发过程中，可以通过冷模实验研究板式塔传递过程的规律，了解大型设备中流体流动不均匀对传质效率的影响，以及分布器应如何设计才能将流体分布不均匀程度限制在允许的范围之内；可以利用空气和水并加入示踪剂的方法进行气液传质的实验研究，为气液传质设备的设计和改造提供依据。

冷模实验结果可以推广应用到其他实际流体，可以将小尺寸实验设备的实验结果推广应用到大型工业装置，使得实验能够在物料种类上"由此及彼"，在设备尺寸上"由小见大"。整体上比较直观、经济。更重要的是冷模实验可以进行真实条件下不方便或不可能进行的类比实验，减小实验的危险性。

采用冷模实验法，只要用少量的实验，再结合数学模型法或量纲分析法，就可以求得各物理量之间的关系，使得实验工作量大为减小。

2.2　直接实验法

　　直接实验法是解决工程实际问题最基本的方法。直接实验法就是对被研究的对象进行直接实验，以获取某些相关参数之间的规律。直接实验法针对性比较强，实验结果比较可靠。对于其他实验研究方法无法解决的工程问题，其仍然不失为一种直接有效的方法。但该方法存在一定的局限性：第一，通过此方法得出的仅是部分参数之间的关系，而这并不能反映研究对象的全部本质；第二，实验的工作量大，耗时费力，有时还需要较高的投资。例如过滤某种物料，已知滤浆浓度，在某一恒压条件下直接进行过滤实验，测定过滤时间和所得的滤液量，这样可以作出该物料在某一恒压条件下的过滤曲线。但如果滤浆浓度改变或过滤条件改变，那么所得的过滤曲线也将不同。

2.3　数学模型法

　　数学模型法是将化工过程各变量之间的关系用一个（或一组）数学方程式来表示，通过对方程的求解获得设计或操作所需的参数的实验方法。一般情况下，该方法是在对研究对象进行充分的特征分析基础上，按照以下主要步骤进行的。

　　(1) 对过程进行分析　根据有关基础理论知识对过程进行深入分析，一是分析过程的物理本质，研究过程的特征；二是分析各个变量影响过程的程度。弄清哪些是必须考虑的重要变量，哪些是一般考虑或可忽略的次要变量。

　　(2) 抓住过程特征，作适当简化，建立过程物理模型　对过程简化的基本思路是研究过程的特殊性，也就是过程的物理本质特征，然后作出适当假设使过程得以简化。这是建立物理模型最关键、最困难的环节。要做到简化而不失真，既要对过程有深刻理解，也要有一定的工程经验。

　　(3) 根据物理模型建立数学方程式及数学模型　用适当的数学方法对物理模型进行描述，即得到数学模型。数学模型是一个（或一组）数学方程式。对于稳态过程，它是代数方程组；对于动态过程，它往往含有微分方程。化工单元过程所采用的数学方程式一般分为以下几种：第一是物料衡算方程，第二是能量衡算方程，第三是过程特征方程，第四是与过程相关的约束方程。

　　(4) 组织实验、参数估值、检验并修正模型　模型中的参数必须通过实验数据拟合确定。由此可见，在数学模型法中实验目的不是为了直接寻求各变量之间的关系，而是通过少量的实验数据确定模型中的参数。

　　(5) 实验验证　所建立的数学模型是否与实际过程等效？所做的简化是否合理？这些都需要通过实验加以验证。验证的方法有两种：第一种是从应用的目的出发，对模型计算结果与实验数据的吻合程度加以评判；第二种是适当外延，看模型预测结果与实验数据的吻合程度是否令人满意。如果两者偏差较大，超出工程应用允许的误差范围，就需对数学模型进行修正。

　　数学模型按由来可以分为机理模型和经验模型两类。前者是依据过程机理推导得出，后者是由经验数据归纳而成。习惯上，称前者为解析公式，后者为经验关联式。化学工程中应用的数学模型大多数介于两者之间，也就是所谓的半经验半理论模型。机理模型是过程本质的反映，因此可以外推；而经验模型来源于有限范围内实验数据的拟合，不宜外推。在条件可能时，还是希望建立机理模型。但由于化工过程一般都很复杂，再加上观测手段不足，描述方法有限，要完全掌握过程机理几乎是不可能的。因此，不得不忽略一些影响因素，提出一些假设，把实际过程简化为某种物理模型，通过对物理模型的数学描述，建立过程的数学模型。

实际上，在解决工程问题时，一般只要求数学模型满足有限的目的，而不是盲目追求模型的普遍适用性。因此，只要在一定意义下模型与实际过程等效而不过于失真，该模型就是成功的。这就允许在建立数学模型时抓住过程的本质特征，忽略一些次要的影响因素，从而使问题简化。

过程的简化是建立数学模型的一个重要步骤，唯有简化才能解决过程复杂与手段和方法有限的矛盾。简化如同科学的抽象一样，要能深刻地反映过程的本质。从某种意义上来说，建立过程的数学模型就是建立过程的简化物理图像的数学方程式。

例如在研究流体通过颗粒床层压降规律的过滤实验中，颗粒床层之间的空隙形成了许多可供流体通过的细小通道。这些通道是曲折而且互相交联的，同时，这些通道的截面大小和形状又是很不规则的。流体通过如此复杂的通道，它的压降自然很难进行理论计算。此时就可以用数学模型法来解决。

第 1 步，构建物理模型。将床层的不规则通道简化成长度为 l_e 的一组平行细管，同时要假定细管的内表面积等于床层颗粒的全部表面积，细管的全部流动空间等于颗粒床层的孔隙容积。按照该种简化的物理模型，流体流过固定床的压降就等同于流体流过一组当量直径为 d_e，长度为 l_e 的细管的压降。

第 2 步，等效数学模型。可运用已经学到的圆形直管内的阻力计算公式(1)来进行等效计算

$$h_f = \frac{\Delta p_f}{\rho} = \lambda \frac{l}{d} \frac{u^2}{2} \tag{1}$$

式中，h_f——直管阻力损失，J/kg；Δp_f——直管阻力引起的压强降，Pa；ρ——流体的密度，kg/m³；λ——直管摩擦系数；l——管长，m；d——管径，m；u——流速，m/s。

在等效的过程中可以将实际填充床中颗粒之间孔隙的流速与流体细管内的流速通过一个修正项进行关联。虽然细管的长度与实际的床层高度并不相等，但可以认为它们成正比。等效变换以后，流体通过固定床层压降的数学方程式就建立起来

$$\frac{\Delta p}{L} = \lambda' \frac{(1-\varepsilon)\alpha}{\varepsilon^3} \rho u^2 \tag{2}$$

式中，L——滤渣层厚度，m，$L = K_0 l$，K_0 为无量纲的常数；α——颗粒的比表面积，m⁻¹；ε——孔隙率；$\lambda' = \frac{\lambda}{8} \frac{l_e}{l}$。

第 3 步，模型参数的估值和模型的检验。前面对床层的简化处理只是一种假定，其有效性必须经过实验来检验，并且模型参数 λ' 必须要通过实验来确定。康采尼（Kozeny）和欧根（Ergun）两位科学家均对此进行了实验研究，获得了不同条件下 λ' 和 Re 的关联式。由于篇幅所限，详细内容可参照有关化工原理书籍。

2.4 量纲分析法

在化工研究中，当对某一个单元操作过程的机理还没有足够的了解，且过程所涉及的变量又很多时，人们可以暂时抛开对过程内部真实情况的分析，将其作为一个"黑箱"，通过实验研究外部条件和过程结果之间的关系及其动态特征来掌握该过程的规律，并据此探索过程内部的结构和机理。在工程实践过程中，经常用到的破解"黑箱"的方法就是量纲分析法。

量纲分析法所依据的基本原则是物理方程的量纲一致性。将多变量函数整理成量纲为一的数群（又称为特征数）之间的函数，然后通过实验归纳整理出量纲为一的数群之间的具体关系式。这样能大大减少实验工作量，同时也容易将实验结果应用到工程计算和设计中，做到"由此及彼"和"由小到大"。

2.4.1 量纲分析法的具体步骤

① 找出影响过程的独立变量；
② 确定独立变量所涉及的基本量纲；
③ 构造因变量和自变量之间的函数关系式，通常以指数方程的形式表示；
④ 用基本量纲表示所有独立变量的量纲，写出每个独立变量的量纲式；
⑤ 利用物理方程的量纲一致性和 π 定理，得出量纲为一的数群方程；
⑥ 通过实验归纳总结量纲为一的数群的具体函数式。

2.4.2 量纲分析法的应用案例

在化工单元操作中，重要应用如下。

（1）直管内湍流流动阻力的确定 通过大量的实验发现，圆形直管内的摩擦阻力和管道两端压降 Δp 有关。而 Δp 是和管道的内径 d、长度 l、相对粗糙度 ε 以及管内流体的流速 u、密度 ρ、黏度 μ 直接相关的。通过量纲分析可建立包含压降在内的 7 个参数之间的函数关系。

（2）圆形直管内对流传热系数的确定 对于在圆形直管内进行的对流传热，采用直接实验法确定影响对流传热系数的因素：流体密度、黏度、比热容、热导率、流速、传热面特征尺寸、流体膨胀系数、流体与传热面之间的温差等。再采用量纲分析法建立对流传热系数和这些参数之间的函数关系。

（3）传质系数的确定 通过研究流体的传质过程发现，与传质系数 k 有关的参数有：流体密度、黏度、流速、特征尺寸和扩散系数。可以通过量纲分析法建立传质系数与这些物理量之间的函数关系。

通过以上三个案例可知：量纲分析法就是将一个复杂的多变量的函数关系转化为个数较少的量纲为一的数群之间的关系。它们是在正确判断过程影响因素的基础上，通过逻辑加工而归纳出的数群。

使用量纲分析法应注意：
① 必须对所研究的过程有一定的了解，这些了解是建立在大量的直接实验法，或者一

定的工程经验，乃至科学合理的判断基础上的。如果有一个重要的变量被遗漏，或者引进了一个无关的变量，就会得到不正确的结果，甚至导致错误的结论。

② 最终所得数群的形式与联立求解方程组的方法有关。如何合并变量为有用的数群，这是研究者必须注意的问题。

2.4.3　数学模型法和量纲分析法的比较

对于量纲分析法，关键在于能否不遗漏地列出影响过程的主要因素。它无需对过程本身的规律深入理解，只要做若干初步实验，考察每个变量对实验结果的影响程度即可。在量纲分析法指导下的实验研究只能得到过程的外部关系而对过程的内部规律则不甚了解。这正是量纲分析法的一大特点，它使量纲分析法成为各种研究对象原则上皆适用的一般方法。

对于数学模型法，关键是对复杂过程的合理简化，也就是能否得到一个足够简单的、既可以用数学方程式表示又不失真的物理模型。只有对过程的内在规律，特别是过程的特殊性有着深刻的理解，并能根据特定的研究目的加以利用，才有可能对真实的复杂过程进行合理简化。

量纲分析法和数学模型法的异同点见表 2-1。

表 2-1　量纲分析法和数学模型法的异同点

方法	关键	对过程认识程度	实验目的
量纲分析	能否如数列出影响过程的主要因素	不甚了解,过程如同"黑箱"	寻找各量纲为一的数群间的函数关系
数学模型	①对复杂过程的合理简化,精髓是紧紧抓住过程特征 ②研究目的的特殊性	深刻理解过程的特殊性	检验模型的合理性并测定模型参数

2.5 参数修正法

参数修正法就是对已有的、常规条件下适用的基础理论关联式进行必要的参数修正，使其在非理想、非常规条件下能够继续适用的一种具有扩展性的研究方法。该方法在化学工程基础理论发展过程中得到广泛应用，并且已经成为后续研究者经常使用的方法。

参数修正法的应用实例如下。

(1) 非圆形管道内的沿程阻力计算　计算非圆形管道的当量直径，将该当量直径带入范宁公式 $h_f = \dfrac{\Delta p_f}{\rho} = \lambda \dfrac{l}{d} \dfrac{u^2}{2}$，再将范宁公式中 $\lambda = 64/Re$ 这个参数修正为 $\lambda = C/Re$，确定 C 为常数，对正方形、正三角形、环形的 C 分别修正为 57、53、96 后，即可以使范宁公式的应用推广到这些非圆形管道。

(2) 直管内强制湍流对流传热系数的应用范围扩展　一般情况下，$Nu = 0.023 Re^{0.8} Pr^n$ 公式只在 $Re > 10000$，$Pr = 0.6 \sim 160$，$l/d > 50$，流体黏度小于 2 倍水的黏度条件下成立。但是该公式通过适当的参数修正后，就可以应用在强制层流、强制过渡流、弯曲管道、非圆形管道等条件下。

(3) 填料吸收塔传质系数测定过程中的填料比表面积测定　正常情况下干燥填料的比表

面积是填料生产厂家通过标准测定方法获得，并提供给使用者的。湿润状态下填料的湿比表面积数据则需要通过适当的参数修正才能使用。具体修正方法参见本书第4章实验10内容。

（4）传热过程错流和折流传热系数的计算 错流和折流传热过程的对流传热系数是按照逆流传热过程的计算结论进行参数修正得到的。

参数修正法基本理念是：对现有的理论计算公式，通过简单的参数修正后，使之适用于更广泛的工程实际。它是一种基础理论的补充和延伸，属于基本理论的应用范畴，而非颠覆性的、原创性的方法。

2.6 过程分解与合成法

过程分解与合成法是将一个复杂的过程分解为联系较少或者相对独立的若干子过程，先分别研究各自过程本身特有的规律，再将各个过程联系起来，以考察各子过程之间的相互影响以及整体过程的规律的方法。它是研究处理实际工程问题的另一种有效方法。

过程分解与合成法在化工单元操作中典型的应用如下。

（1）流体输送系统特性研究 在流体输送过程中，流体输送机械和输送管路组成一个复杂的流体输送系统，在输送过程中影响管内实际流量的因素有很多。考虑到流体输送机械和输送管路是相对独立的系统，可以先将管路系统分解为流体输送机械和输送管路两个子系统，对这两个子系统进行单独的实验研究，然后再予以合成，从而得出流体输送管路的实际工作状态。

流体输送机械，对于液体来说主要是离心泵，对于气体来说主要是风机。对于它们的研究主要集中在流体输送机械的特性曲线上。可以通过实验绘制出一定流量范围内的离心泵特性曲线或风机特性曲线。

对于输送管道而言，主要的研究内容是不同流量下的管路阻力，通过实验数据的关联，求出阻力系数与雷诺数和管道相对粗糙度之间的关系。最终可以得到管路特性方程。

最终的流体输送机械和输送管路的工作状态，由流体输送机械的特性和管路特性共同决定。所以，考虑操作的便利和经济效益，通过改变管路特性曲线或离心泵特性曲线来满足生产的实际需求。

（2）传热过程速率和传热系数的测定研究 在化工生产中一般都会遇到像流体的加热和冷却这样的热量交换问题，在工业上大多数采用间壁式换热器的传热设备来实现。无论是传热设备的设计、传热过程的操作还是新传热设备的开发，都需要研究传热速率和传热系数与各种过程因素之间的关系。

传热设备的传热能力通常是由 $Q=KA\Delta t_m$ 来确定的。实验研究发现：影响传热系数 K 的变量有16个。如果按照一般的网格实验设计法，工作量之大之难不可想象。即使采用量纲分析法将前面的变量组合变为 $16-4=12$ 个量纲为一的数群，其实验次数也是天文数字。为此，必须根据间壁换热的特点，应用过程分解与合成方法进行研究。

事实上，根据传热原理，该过程可以分为5个子过程：

① 热流体与该侧污垢壁面之间的对流传热过程；

② 热量通过热流体侧污垢层的热传导过程；

③ 热量通过固体壁面的热传导过程；

④ 热量通过冷流体侧的污垢层的热传导过程；

⑤ 冷流体与该侧的污垢壁面之间的对流传热过程。

对于其中的三个热传导子过程，热量通过固体壁面的热阻可以直接计算，而由于附着在固体两侧壁面的污垢层的厚度以及热导率难以测量，所以污垢热阻只能由工程经验来确定，其数值可以从有关的传热工程手册中查到。

这样，剩下的问题就是解决冷、热流体与固体壁面之间的对流传热热阻，这两个过程都是对流传热问题，可以采用量纲分析法组织实验进行测定。

（3）气体吸收传质过程的实验研究　气体吸收是一个复杂的气液传质过程，吸收过程的设计和过程操作分析都涉及吸收的传质速率，而影响传质速率的因素包括气液相的流动状况、气液相的物系性质和相平衡关系等。

在该项研究过程中，采用过程分解和合成的实验方法，将吸收传质过程分解为以下三个子过程。

① 溶质由气相主体传递到两相界面，即气体内的传质过程；

② 溶质在两相界面上溶解，由气相转入液相，即界面上的溶解过程；

③ 溶质由界面传递至液相主体，即液相内的传质过程。

由于溶质在界面上溶解过程阻力很小，可以认为气液两相界面上达到了相平衡，服从亨利定律。这样就将整个研究过程分解为气相和液相两个子过程的研究。而对于气相和液相传质系数的实验测定可以在湿壁塔（降膜吸收装置）上进行，按照量纲分析法组织实验，结果可以用数群关联式表示。

这种方法的特点是：从简到繁，先考察局部再研究整体。应当注意：在应用过程分解法研究工程问题时，对每一个子过程所得的结论只适用于局部。比如通过实验研究得到了某一子过程的最优设计和操作参数，但此过程的最优并不等于整个过程的最优。通常整个过程在相当程度上受制于关键子过程的影响，在化学工程中一般将这些子过程称为控制过程或控制步骤。

2.7 过程变量分离法

所谓单元操作，是由化学工业中的某一物理过程与过程设备共同构成的一个单元系统。对于同一物理过程，可在不同形式、不同结构的设备中完成。由于物理过程变量和设备变量交织在一起，所处理的工程问题很复杂。但是，如果在众多变量之间将关联较弱者切开，就有可能使问题大为简化，从而易于解决，这就是过程变量分离法。

过程变量分离法在化工单元操作上的应用实例如下。

2.7.1 吸收塔传质单元高度的研究

对于连续接触式的吸收过程，可以根据传质速率方程和物料衡算方程联立求出吸收塔的填料层高度，最后得到的填料层高度计算式为

$$H = \frac{G}{K_y a} \int_{y_1}^{y_2} \frac{\mathrm{d}y}{y - y_e} \tag{3}$$

$$H_{OG} = \frac{G}{K_y a} N_{OG} = \int_{y_1}^{y_2} \frac{\mathrm{d}y}{y - y_e} \tag{4}$$

$$H = H_{OG} N_{OG} \tag{5}$$

式中，H——填料层高度，m；G——气体混合物的摩尔流量，mol/s；$K_y\alpha$——气相体积传质系数；y_1、y_2——填料塔进、出口的溶质气体的摩尔分数；y_e——与液相组成 x 成平衡状态的平衡组成；H_{OG}——填料塔传质单元高度，m；N_{OG}——填料塔传质单元数。

从传质单元高度 H_{OG} 和传质单元数 N_{OG} 所包含的变量可以看出，N_{OG} 是由吸收工艺条件和要求决定的，H_{OG} 主要反映设备的特性。

该式将工艺变量和设备特性变量进行了分离，可以对吸收过程进行分别处理，即 N_{OG} 可以根据工艺要求直接计算，H_{OG} 可以通过实验测定。

对于吸收塔的设计而言，该方法还有一层更重要的工程意义，即在设备选型（例如选择何种填料）之前，可以先按照工艺要求计算 N_{OG}，然后再根据 N_{OG} 的大小选择适当的填料，使设备尺寸（填料塔高度）保持适当，从而使设计过程大大简化。

2.7.2　板式精馏塔的塔板效率研究

板式精馏塔是一种逐级式接触传质设备，塔板上的汽液两相传质、传热速率不仅取决于物系的性质，还与操作条件和塔板结构直接相关，很难用简单的公式进行表达和计算。

工程上在此引入了理论板和板效率的概念。理论板就是一种使汽液两相充分混合，达到汽液平衡、传热传质过程阻力为零的理想化的塔板。因此，不管进入理论塔板的汽液两相的组成如何，温度如何，离开塔板的汽液两相在传热和传质两方面都达到平衡，最后两相温度相同，组成互为平衡。实际塔板当然和理论板存在差异，但是可以通过板效率来修正这种差异。

理论板和塔板效率的引入，有助于将复杂的精馏过程分解为两个问题：即完成一个规定的分离任务，需要多少块理论板；为了确定实际塔板数，需要知道塔板效率为多少。这就体现了变量分离的基本思想。所需的理论板数只取决于物系的相平衡关系和两相的流量比，而与物系的其他基础物性和塔板结构及流动状态无关，后者众多的复杂因素全部包含于塔板效率内，而精馏过程的实验研究重点就集中在塔板效率的测定上。

2.7.3　液-液萃取过程萃取级的级效率研究

液-液萃取过程萃取级的级效率研究与板式精馏塔的塔板效率的研究思路完全相同，同样是引入了理论级的概念，将复杂的萃取过程的计算分为理论级的级数计算和萃取级的级效率计算两部分。这种变量分离方法有效解决了液液萃取过程中萃取效率不易量化计算的难题。具体内容可参照相关化工原理教材。

2.8　参数综合法

在化工原理构建的数学模型中，不管是机理模型还是经验模型，都存在着模型参数只能通过实验确定的问题。很多情况下，同一个模型中可能含有多个模型参数，为了在实验研究中避免这些参数分别单独测量和计算的难题，在具体推导过程中常常采用参数综合的方法：即将几个同类型参数归并为一个新的综合参数，以简单地表示主要变量与实验结果之间的关系，这样只需要通过少量实验就可确定新的综合参数。

参数综合法在化工单元操作上应用实例如下。

2.8.1 过滤常数的确定

过滤过程的数学模型为

$$\frac{\mathrm{d}\theta}{\mathrm{d}q} = \frac{2}{K}q + \frac{2}{K}q_e \qquad (6)$$

式中，q——单位过滤面积获得的滤液体积；q_e——恒压过滤常数；θ——恒压过滤时间。$K = 2k\Delta p^{1-s}$（s 和 k 分别为滤饼压缩性指数和物料常数），K 为过滤常数，即过滤数学模型参数，它体现悬浮液和滤饼的综合性质，同时又包含了过滤压差的综合参数。实验时只需要用真实物料测定 K 值，就可满足工程设计的需要，不需要逐个测量 K 中的每个参数。

2.8.2 传质系数的确定

吸收过程中的传质系数 $K_y\alpha$ 包含在如下公式中

$$N_A = K_y\alpha(y - y_e) \qquad (7)$$

$K_y\alpha$ 为体积传质系数，它是传质系数和有效传质面积的乘积。实际上，传质系数 K_y 与两相有效接触面积 α 都难以单独测量。因此，将这两个参数综合起来统一测定是最好的选择。

通过上述讨论的参数综合法可以看出，实验原理研究与工程应用存在两个方向性的问题，即：就过程的机理和趋势分析的实验原理研究方面，研究者总希望将影响过程的所有因素尽可能进行分解，并逐个讨论与分析；就工程应用来讲，则希望将多个难以直接测量的参数归并为较少且易于分析测定的参数，并在指定条件下用确定模型参数的间接实验代替测定真实变量的直接实验。

需要指出的是：将参数综合以后，很多模型参数的数值是通过实验数据的拟合得到的。由于该过程存在包括实验误差等在内的许多不确定因素影响，所以最终获得的模型参数只能是统计意义下的参数。

思考题

1. 有一空气管路直径为 300mm，管路内安装一孔径为 150mm 的孔板，管内空气的温度为 200℃，压力为常压，最大气速为 10m/s，试通过量纲分析法估计空气通过孔板的阻力损失为多少？

2. 为了测定工业高温空气管路中孔板在最大气速下造成的阻力损失，可在实验室中采用直径为 30mm 的水管进行模拟实验。现在需要解决的问题是：①在实验装置管路中模拟孔板的孔径应为多大？②若实验水温为 20℃，则水的流速应为多少才能使实验结果与工业情况相吻合？③如实验测得模拟孔板的阻力损失为 20mmHg（1mmHg≈133.3Pa），那么工业管路中孔板造成的阻力损失为多少？

3. 由实验确定的单个球形颗粒在流体中的沉降速度 u_i 与以下物理量有关：颗粒直径 d；流体密度 ρ 与黏度 μ，颗粒与流体的密度差 $\rho_a - \rho$，重力加速度 g。试通过量纲分析法导出颗粒沉降速度的数群关系式。

第3章 化工测量技术与常用仪表

要使化工生产各个过程可以持久、稳定、安全地运行，必须要保证生产中的各个工艺参数，如压力、温度、液位、流量、转速等可以测量，并能实现自动调节与控制，这就需要掌握化工工艺参数的测量与控制技术。

本章重点介绍常用的压力、流量、温度、液位等工艺参数的测量与控制技术。

3.1 化工仪表分类

按仪表所测的工艺参数不同可以分为以下几类。

(1) 压力测量仪表　常用符号 P 来表示压力参数。操作人员在岗位操作记录表上、车间控制台上的工艺模拟流程图中，以及带控制点的工艺流程图中，都可以看到用于表示压力的这种符号。

(2) 流量测量仪表　常用符号"q_V"和"q_m"表示，其中 q_V 表示体积流量，q_m 表示质量流量。

(3) 温度测量仪表　常用符号"T"来表示。

(4) 液位测量仪表　常用符号"H"来表示，也有用"L"表示的。

3.2 压力和压差测量

压力是化工生产和实验过程中重要的工艺参数之一。正确测量和控制压力是实现化工生产和实验过程良好运行、节能降耗及安全生产的重要保证。化工生产和实验中测量压力的场合很多，要求的精度各异。

压力测量仪器根据工作原理的不同，可分为四类。

(1) 液柱式压力计——将被测压力转换成液柱高度差进行测量。

(2) 弹性压力计——将被测压力转换成弹性元件弹性变形的位移进行测量。

(3) 活塞式压力计——将被测压力转换成活塞上所加平衡砝码的质量进行测量。

(4) 电气式压力计——将被测压力转换成电信号进行测量。

3.2.1 液柱式压力计

液柱式压力计是以流体静力学为基础，根据液柱高度来确定被测压力的压力计。液柱所用的液体（指示液）种类很多，可以是纯物质，也可以是液体混合物，常用的指示液有水银、水、酒精。当被测压力或压力差很小，且被测流体是水时，还可用甲苯、氯苯、四氯化碳等作为指示液。液柱式压力计结构简单，精度较高，既可用于测量流体的压力，又可用于测量流体的压力差。

液柱式压力计的基本形式有 U 形管压力计、倒 U 形管压力计、单管式压力计、斜管式压力计、U 形管双指示液压差计等，其结构和性能见表 3-1。

表 3-1　液柱式压力计

名称	示意图	测量范围	静态方程	备注
U 形管压力计		高度差 h 不超过 800mm	$\Delta p = hg(\rho_A - \rho_B)$（液体） $\Delta p = hg\rho$（气体） ρ_A：指示液密度 ρ_B：流体密度	零点在标尺中间，用前不需调零，常用作标准压力计
倒 U 形管压力计		高度差 h 不超过 800mm	$\Delta p = \rho g h$	以待测液体为指示液，适用于较小压差的测量
单管式压力计		高度差 h_1 不超过 1500mm	$\Delta p = h_1 \rho (1 + S_1/S_2) g$ 当 $S_1 \ll S_2$ 时， $\Delta p = h_1 \rho g$ S_1：垂直管的截面积 S_2：扩大室的截面积	零点在标尺下端，用前需调整零点，可用作标准压力计
斜管式压力计		高度差 h_1 不超过 200mm	$\Delta p = L\rho g(\sin\alpha + S_1/S_2)$ 当 $S_2 \gg S_1$ 时， $\Delta p = L\rho g \sin\alpha$	α 在 15°～20°时可通过改变 α 的大小来改变测量范围，零点在标尺下端，用前需调整零点

3.2.2　弹性压力计

弹性压力计是工业生产中使用最广泛的压力测量仪表。其特点是结构简单、性能可靠、便于携带、安装方便、价格低廉。

当被测压力作用于弹性元件时，弹性元件产生相应的弹性变形。根据变形量的大小，可以测得被测压力的数值。在同样的压力下，不同结构、不同材料的弹性元件会产生不同的弹性变形量。常见的弹性元件有弹簧管、波纹管、薄膜等。一般情况下，波纹膜和波纹管都用于微压和低压的测量，单圈和多圈弹簧管可以用于高、中、低压乃至真空度的测量。高压弹性元件用钢和不锈钢制成，低压弹性元件大多数采用黄铜、磷青铜和铍青铜合金。常见的弹性压力计测压元件的结构和特性如表 3-2 所示。

表 3-2 弹性压力计测压元件的结构和特性

类别	名称	示意图	测量范围/Pa		输出特性	动态特性	
			最小	最大		时间常数 /s	自振频率 /Hz
薄膜式	平薄膜	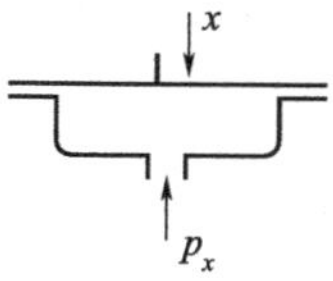	$0\sim10^4$	$0\sim10^8$	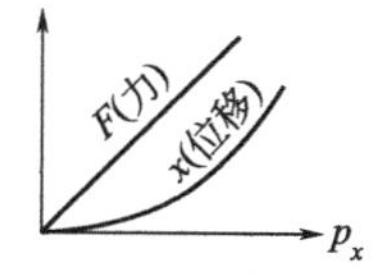	$10^{-5}\sim10^{-2}$	$10\sim10^4$
	波纹膜	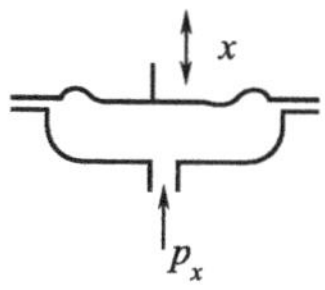	$0\sim1$	$0\sim10^6$	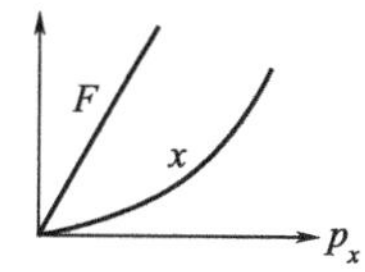	$10^{-2}\sim10^{-1}$	$10\sim10^2$
	挠性膜	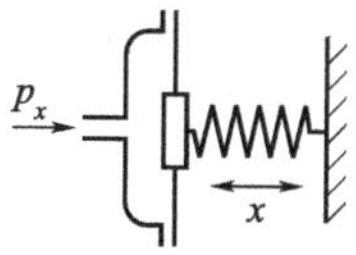	$0\sim10^{-2}$	$0\sim10^5$	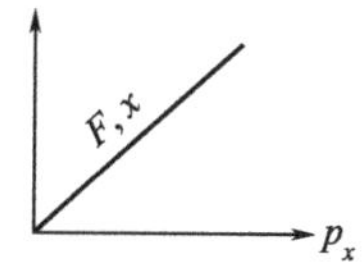	$10^{-2}\sim1$	$1\sim10^2$
波纹管式	波纹管	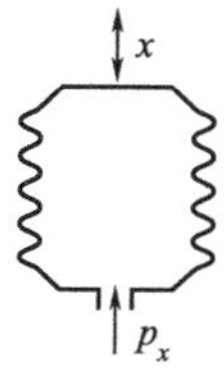	$0\sim1$	$0\sim10^6$	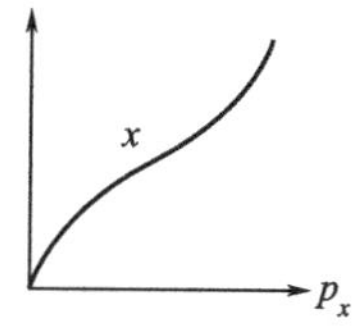	$10^{-2}\sim10^{-1}$	$10\sim10^2$
弹簧管式	单圈弹簧管	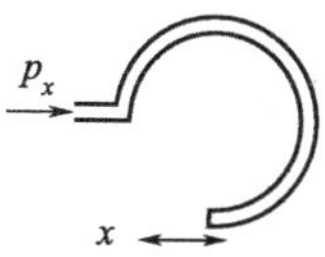	$0\sim10^2$	$0\sim10^9$	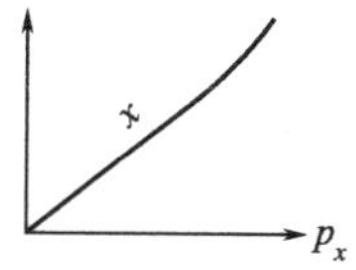	—	$10^2\sim10^3$
	多圈弹簧管	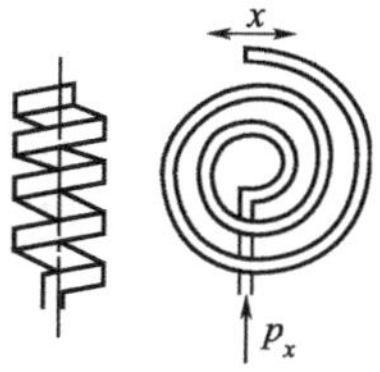	$0\sim10$	$0\sim10^8$	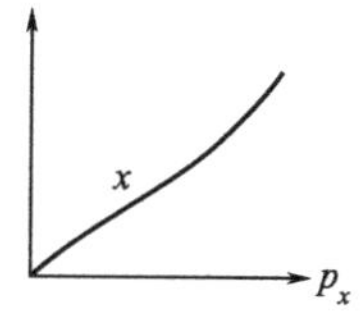	—	$10\sim10^2$

　　弹性压力计中使用最广泛的是弹簧管压力表，主要由弹簧管、齿轮传动机构、示数装置以及外壳组成。其结构如图 3-1 所示。

　　弹簧管压力表有两种：一种是用于测量正压的，称为压力表；另外一种是用来测量负压的，称为真空表。

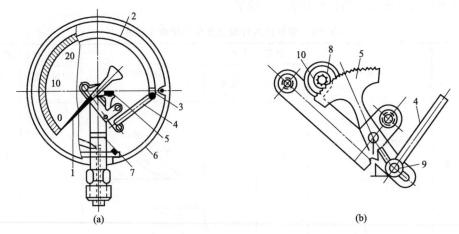

图 3-1　弹簧管压力表（a）及其传动部分（b）

1—指针；2—弹簧管；3—接头；4—拉杆；5—扇形齿轮；6—壳体；

7—基座；8—齿轮；9—铰链；10—游丝

3.2.3　活塞式压力计

活塞式压力计是基于帕斯卡定律及流体静力学平衡原理的一种高准确度、高复现性和高可信度的标准压力计量仪器。

活塞式压力计简称活塞压力计或压力计，也可称为压力天平，主要在计量室、实验室以及生产或科学实验环节作为压力基准器使用，也有将活塞式压力计直接应用于高可靠性监测环节，对当地其他仪表进行表决监测。

3.2.4　电气式压力计

随着工业自动化程度的不断提高，采用就地指示仪表测定待测压力，远远不能满足工业需求，将待测压力转化成容易远传的电信号的装置称为压力传感器。电气式压力传感器就是通过将被测压力变换成电阻、电流、电压、频率等形式的信号来进行测量的。这种方法在自动化系统中具有重要作用，尤其适用于快速变化和脉动压力的测量。其主要类别有压电式、压阻式、电容式、电感式、霍尔式等。

3.3　流量测量

流量是指单位时间内流过流道截面的液体量。流量可以分为质量流量和体积流量。在以体积流量描述时，必须同时指明被测流体的压力和温度。一般而言，以体积流量描述的流量计的指示刻度，都是以水或空气为介质进行标定的。

测量流量的方法大致有以下三类。

速度式流量测量方法——以流体在流道中的流速为测量依据，主要有节流式流量计、转子流量计、涡轮流量计、靶式流量计等。

容积式流量测量方法——以单位时间内排出流体的体积数为测量依据，主要有皂膜流量计、湿式气体流量计、椭圆齿轮流量计等。

质量式流量测量方法——以流过的流体质量为测量依据，主要包括间接式和直接式两种。

3.3.1　速度式流量测量方法

（1）节流式流量计　节流式流量计又称压差式流量计。它是基于流体的动能和势能相互转化的原理来设计的。

节流式流量计较为典型的有孔板流量计和喷嘴流量计两种，见图3-2与图3-3，还有测速管和文丘里流量计也比较常用。其基本原理是流体通过孔板或喷嘴时流速增加，从而在孔板和喷嘴的前后产生势能差，该势能差可以通过引压管在压差计或压差变送器上显示出来。

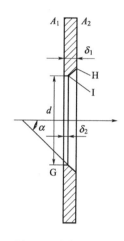

图 3-2　孔板流量计

A_1—上游面；A_2—下游面；δ_1—孔板厚度；
δ_2—孔板开孔厚度；d—孔径；α—倾斜角；
G、H、I—上下游开孔边缘位置

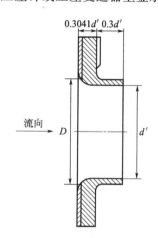

图 3-3　喷嘴流量计

D—上游管道直径；d'—节流段开孔直径

在制造孔板流量计时，孔径的选择要根据流量的大小、压差计的量程和允许的能耗综合考虑。一般情况下孔板孔径与管内径之比为 0.45～0.50。

孔板和喷嘴的安装位置。上下游要有一段内径不变的直管作为稳定段，上游长度至少为管径的 10 倍，下游长度为管径的 5 倍，孔口的中心线与管轴线相重合。对于标准孔板或是已确定了流量系数的孔板，在使用时不能反装，否则会引起较大的测量误差。正确的安装是孔口的锐角方向正对着流体的来流方向。由于孔板和喷嘴的取压方式不同会直接影响其流量系数，所以标准孔板采用角接取压或法兰取压，喷嘴采用角接取压，安装时须按要求连接。

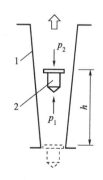

图 3-4　转子流量计
1—锥形管；2—转子；
p_1—底部压力；
p_2—顶部压力；
h—浮子抬升高度

孔板流量计结构简单，使用方便，可用于高温高压的场合，但是流体流经孔的能量损失较大。在不允许能量损失过大的场合，可以考虑采用文丘里流量计。其基本原理与孔板流量计类似，在此不再赘述。

（2）转子流量计　转子流量计又称浮子流量计，是实验室最常见的流量计之一。它是通过转子在竖直安装的锥形管内的位置改变而改变流体流通面积的方法来测量流量的。具体结构示意图见图3-4。

其特点是：能量损失小、结构简单、量程比（仪器测量上限与下限之比）大、价格便宜、使用方便、刻度均匀，适用于小流量的测量。选择适当的锥形管和转子材料，转子流量计还可以测量腐蚀性流体的流量，所以在化工实验和生产中被广泛采用。

转子流量计使用时应注意以下问题。

a. 安装必须竖直。不允许有明显的倾斜，否则会带来误差。

b. 被测流体内部最好清洁，没有悬浮物。转子流量计对沾污比较敏感，如果出现转子沾污，就会使测量产生误差，甚至出现转子不能上下浮动的情况。

c. 调节和控制流量不宜速开阀门（电磁阀、截止阀等），迅速开启阀门会使转子冲到顶部，撞碎玻璃管或转子。

d. 搬动时应将转子卡住，对于大口径转子流量计更应如此。

e. 若被测流体温度高于70℃，应在流量计外安装保护罩，防止玻璃管因接触冷水而骤冷破裂。

f. 流量计的正常测量值最好在量程的1/3～2/3。

g. 转子流量计测量的是体积流量，出厂前在标准技术状态下进行了标定。如果实际使用条件与标准技术状态条件不同，需要对读数进行修正或现场重新标定。

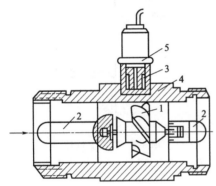

图 3-5　涡轮流量计

1—涡轮；2—导流器；3—磁电感应转换器；
4—外壳；5—前置放大器

（3）涡轮流量计　涡轮流量计（图3-5）是一种精度较高的速度式流量测量仪表，其精度为0.5级。由涡轮流量变送器和显示仪表组成。当流体通过时，会冲击由导磁材料制成的涡轮叶片，使涡轮发生旋转，变送器壳体上的检测线圈因此产生一个稳定的电磁场。在一定流量范围和流体黏度下，涡轮的转速和流体流量成正比。涡轮转动时，涡轮叶片切割磁场，由于叶片的磁阻与叶片间隙之间磁阻相差很大，因而流体通过线圈的磁通量发生周期性变化，线圈内便产生了感应电流脉冲信号。脉冲信号的大小与流量的大小成正比，可以通过脉冲信号脉冲数量的大小得到被测流体的流量。

（4）靶式流量计　在化工和炼油生产中，通常会遇到重油、沥青、焦油等黏度较高的介质和悬浮液的流量测量。在该场合下，节流式流量计、转子流量计和涡轮流量计由于结构及性能上的限制，不能满足这种特殊介质流量测量的要求。

靶式流量计也是在管道中插入一定形式的节流元件（见图3-6）进行测量的。从流体力学的基本原理来看，它与节流式流量计、转子流量计是相似的，即以能量形式转换的办法来进行流量测量。虽然其流道截面是恒定的，但是它利用流体对靶的推力，而不是静压差产生流量测量信号。流体流量越大，靶上受到的推力

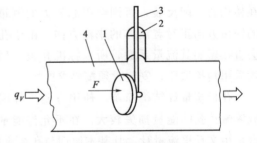

图 3-6　靶式流量计

1—靶；2—输出轴密封片；3—靶的输出
力杠杆（主杠杆）；4—管道；F—靶上
所受到的流体推力；q_V—流体流量

也越大，将推力通过力矩传递及信号转换把流量显示出来。

3.3.2　容积式流量测量方法

（1）皂膜流量计　皂膜流量计一般用于气体小流量的测定场合。它由一根具有上、下两条刻度线的标准体积的玻璃管和含有肥皂液的橡皮球组成。如图 3-7 所示。

肥皂液是示踪剂，当气体通过皂膜流量计的玻璃管时，皂膜在气体的推动下沿管壁缓缓向上移动。在一定时间内，皂膜通过上下标准容积刻度线，表示这段时间内通过了由刻度线指示的气体体积，结合通过两刻度线的时间，就可得到流体的平均流速。

为了保证测量精度，皂膜的速度应该小于 4cm/s，安装时须保证皂膜流量计的竖直。每次测量前需要捏一下橡皮球，使管壁上形成皂膜，以便指示气体通过皂膜流量计的体积。为了使皂膜在管壁上顺利移动，在使用前需用肥皂液润湿管内壁。皂膜流量计结构简单，测量精确，在实验室可以作为校准其他流量计的基准流量计。

（2）湿式气体流量计　湿式气体流量计是一种液封式气体流量计，属于容积式流量计的一种。用于精密、连续或间断地测量流体累积流量或瞬时流量，结构原理参见图 3-8。

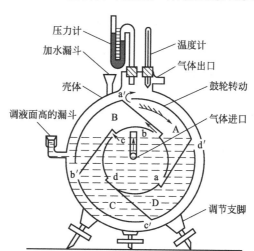

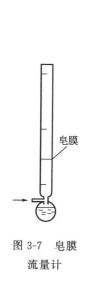

图 3-7　皂膜
流量计

图 3-8　湿式气体流量计

A、B、C、D—转子内部的四个小室；

a、b、c、d—转子内圈向小室进气的通道；

a′、b′、c′、d′—小室向外壳排气的四个通道

其外部为圆筒形外壳，内部为一分为四的转子。在流量计正面有指针刻度盘和数字表，用于记录气体的流量。进气管、加水漏斗和放水旋钮均在流量计的后面，出气管和水平仪在流量计底部。在表顶有两个垂直的孔眼，可用于插入压力计和温度计，溢水旋塞在流量计正面左侧。流量计下面有三只调节支脚，用来校准水平，流量计使用时必须保持水平。气体由流量计背面中央处进入，转子每转动一周四个小室都完成一次进气和排气，流量计的体积为四个小室充气体积之和。计数机构在刻度盘上显示相应的数字。

湿式气体流量计每个气室的有效体积是由预先注入流量计内的水面控制的，所以在使用时必须检查水面是否达到预定的位置。

湿式气体流量计在实验室中常作为标准流量计标定其他气体流量计，或接在实验装置的

尾端，用于测量气体的累积流量。

（3）椭圆齿轮流量计　椭圆齿轮流量计适用于黏度较高的液体的测量，其工作原理参见图3-9。

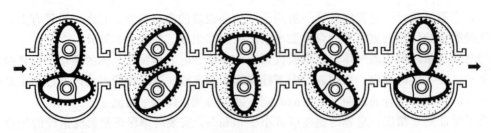

图 3-9　椭圆齿轮流量计工作原理

椭圆齿轮流量计由计量箱和装在计量箱内的一对椭圆齿轮组成。两个齿轮与上下盖板构成一个密封的初月形空腔（由于齿轮的转动，所以不是绝对密封的），作为一次排量的计算单位。当被测液体经管道进入流量计时，在进、出口处产生的压力差推动一对齿轮连续旋转，不断地把经初月形空腔计量后的液体输送到出口处。椭圆齿轮的转数与每次排量的四倍的乘积，即为被测液体流量的总量。因此，椭圆齿轮流量计本质上属于容积式流量计。

椭圆齿轮流量计特别适合于重油、聚乙烯醇、树脂等黏度较高介质的流量测量。

3.3.3　质量式流量测量方法

质量式流量计是一种新型的流量计，具有测量精度高、量程比宽、稳定性好、维护量低等特点，在工程和实验室中得到广泛应用。

质量式流量计的测量方法可以分为间接测量和直接测量两类。

间接测量通过测量流体体积流量和流体密度，计算得出质量流量，也称为推导式。直接测量则由检测元件直接检测出流体的质量流量。

（1）间接式质量流量计　间接式质量流量测量一般是采用体积流量计和密度计，或者两个不同类型的体积流量计组合，实现质量流量的测量，其原理如图3-10所示。

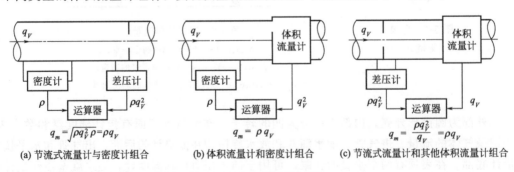

(a) 节流式流量计与密度计组合　$q_m = \sqrt{\rho q_V^2 \rho} = \rho q_V$

(b) 体积流量计和密度计组合　$q_m = \rho q_V$

(c) 节流式流量计和其他体积流量计组合　$q_m = \dfrac{\rho q_V^2}{q_V} = \rho q_V$

图 3-10　组合式质量流量计

q_V—流体体积流量；ρ—流体密度；q_m—流体质量流量

除了上述几种组合式质量流量计之外，在工业上还常采用温度、压力自动补偿式质量流量计。由于流体密度是温度和压力的函数，而连续测量流体的温度和压力都要比连续测量流体的密度容易，因此可以根据已知的被测流体的密度与温度和压力之间的关系，同时测量流体的体积流量以及温度和压力值，通过运算求得质量流量，或自动换算成标准状态下的体积流量。但这种测量方法不适合用于高压或温度变化范围较大的条件，因为在此条件下自动补偿检测出来的温度、压力的准确性很难保证。

（2）直接式质量流量计　直接式质量流量计的工作原理往往和流体介质的质量和密度有关。目前运用较多的直接式流量计是利用流体固体热能交换原理的热式质量流量计、利用马格努斯效应的差压式质量流量计、利用科里奥利原理的科里奥利质量流量计。

① 热式质量流量计。热式质量流量计的基本原理是利用外部热源对管道内的被测流体进行加热，通过测量因流体流动而造成的热量变化来反映流体的质量流量，如图 3-11 所示，图 3-12 为热式质量流量计的外观图。

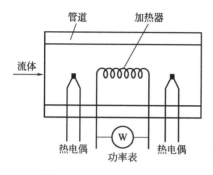

图 3-11　热式质量流量计

图 3-12　热式质量流量计外观图

② 差压式质量流量计。差压式质量流量计是以马格努斯效应为基础的流量计，它利用孔板和定量泵组合实现质量流量测量。常见的有双孔板（图 3-13）和四孔板（图 3-14）定量泵组合两种结构。双孔板质量流量计的定量泵流量必须大于主管道流量，两个定量泵在主管道流量比较大时测量比较困难，因此采用一个定量泵和四个孔板组合的改进方案。

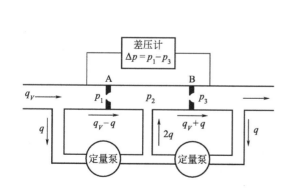

图 3-13　双孔板压差式质量流量计

q_V—流体体积流量；q—分配至定量泵的流量；
A—第一孔板；B—第二孔板；p_1—进口压力；
p_2—定量泵汇入口压力；
p_3—压差计出口压力

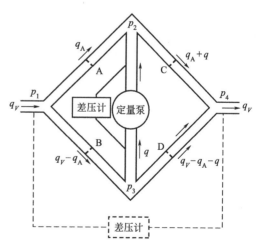

图 3-14　四孔板压差式质量流量计

q_V—流体体积流量；q—分配至定量泵的流量；
A、B、C、D—四孔板；p_1—进口压力；p_2—定量
泵汇入口压力；p_3—定量泵入口压力；
p_4—压差计出口压力；q_A—孔板流量

③ 科里奥利质量流量计。科里奥利质量流量计是一种利用流体在振动管中流动而产生

与质量流量成正比的科里奥利力（科氏力）的原理来直接测量质量流量的流量计。科里奥利质量流量计结构有多种形式，一般由振动管和转换器组成。图 3-15 为 U 形管式科氏力流量计的测量原理示意图。

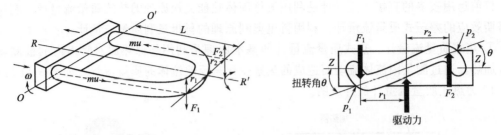

图 3-15　U 形管式科氏力流量计的测量原理示意图

mu—流体动量；ω—扭转角速度；F_1、F_2—科化力；r_1、r_2—扭转半径；Z—水平线

U 形管的两个开口端固定，流体由此流入和流出。U 形管顶端装有电池及振动装置，用于驱动 U 形管沿着垂直于其所在平面的方向，以 $O\text{-}O'$ 为轴按固有频率振动。流体流入流量管使 U 形管振动，或使管中流体在沿管道流动的同时，又随管道做垂直运动。此时流体将受到科氏力的作用，同时流体施反作用力作用于 U 形管。由于流体在 U 形管两侧的流动方向相反，所以作用于 U 形管两侧的力大小相等，方向相反，从而使 U 形管受到一个力矩作用。管端绕 $R\text{-}R'$ 轴旋转而产生扭转变形，该变量的大小与通过流量计的质量流量具有确定的关系。因此测得这个变形量就可以测得管内流体的质量流量。

图 3-16　科里奥利质量流量计外观图

根据牛顿第二定律，流量管扭曲量的大小完全与流经流量管的质量流量大小成正比，安装于流量管两侧的电磁信号检测器用于检测流量管的振动。当没有流体流经流量管时，流量管不振动，不产生扭曲，两侧电子信号检测器的检测信号是同相位的。当流体流经流量管时，流量管会振动，产生扭曲，从而导致两个检测信号产生相位差，这一相位差的大小，直接正比于流体流经流量管的质量流量。

科里奥利质量流量计能够直接测气体、液体和浆液的质量流量，也可以用于多相流测量，且不受被测介质物理性质的影响，测量精度高、量程比可以达到 100∶1。图 3-16 为科里奥利质量流量计的外观。

3.4　温度测量

温度是表征物体冷热程度的物理量。温度的测量主要借助于冷热流体之间的热量交换以及物体的某些物理性质，进行间接测量。其测量方法一般分为接触式测温和非接触式测温两类。

接触式测温是将感温元件与被测介质直接接触，在达到热平衡时显示被测介质的温度。

其优点是简单可靠，测量精确。其缺点是：第一，测温速度会有滞后现象；第二，感温元件容易破坏被测对象的温度场，并有可能与被测介质发生化学反应；第三，由于受材料耐高温的限制，接触式测温不能应用于很高的温度测量。

非接触式测温方法是感温元件与被测介质不直接接触，而是通过热辐射来测量温度，其优点是：第一，测温速度比较快，且不会破坏被测对象的温度场；第二，在原理上它没有温度上限的限制，测量范围较宽。其缺点是由于受物体的发射率、对象到仪表之间的距离、烟尘和水蒸气等影响，测量误差较大。热辐射式高温计即利用非接触式测温，这种高温计在工业生产中被广泛地应用于冶金、机械、化工等行业，例如用于测量炼钢厂各种高温盐浴池的温度；公共卫生部门用的非接触式体温计是一种红外线非接触式测温器件。

3.4.1　接触式测温

常用的接触式测温仪，主要有热膨胀式、热电阻、热电偶温度计。

（1）热膨胀式温度计　热膨胀式温度计利用物质热胀冷缩的特性制成，分为液体膨胀式温度计和固体膨胀式温度计。

最常见的液体膨胀式温度计是玻璃管液体温度计。玻璃管液体温度计主要分为水银温度计和酒精温度计两种。这种温度计测量范围比较狭窄，在 $-80 \sim 400℃$，精度也不太高。优点是比较简便，价格低廉，刻度均匀，读数准确，因而得到广泛的应用。但水银温度计破损后会造成汞污染，这一定程度上影响了该温度计的使用。有机液体（乙醇和苯等）温度计着色后读数明显，但由于该类液体膨胀系数随温度变化，所以刻度不均匀，读数误差较大。玻璃管液体温度计主要分为棒式、内标式和电接点式，见表3-3。

表 3-3　常用的玻璃管液体温度计

项目	棒式	内标式	电接点式
特点	实验室最常用 直径 $d=6 \sim 8mm$ 长度 $l=250mm,280mm,$ $300mm,420mm,480mm$	工业上常用 $d_1=18mm,d_2=9mm$ $l_1=230mm,l_2=130mm$ $l_3=60 \sim 2000mm$	用于控制、报警等，分固定接点与可调接点两种
外形图			

　　固体膨胀式温度计，常见的主要为双金属温度计。其测温原理是将两种具有不同热膨胀系数的金属片安装在一起（双金属感温元件），把两种金属片一端固定，如果温度变化，则因两种金属片的热膨胀系数不同而产生弯曲变形，弯曲的程度与温度的变化大小成正比。这种弯曲程度经过机械放大或电气放大后，即可将温度的变化检测出来。膨胀式温度计结构简单，机械强度大，但精度不高，可部分取代水银温度计，用于气体、液体及蒸气（汽）的温度测量。

　　轴向型和径向型双金属温度计结构见图 3-17(a) 和（b）。

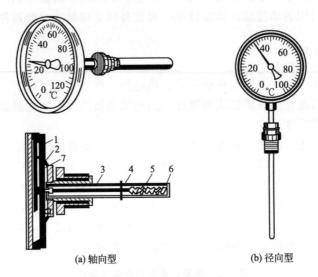

(a) 轴向型　　　　　　　　　　(b) 径向型

图 3-17　双金属温度计结构

1—指针；2—表壳；3—金属保护管；4—指针轴；5—双金属感温元件；6—固定端；7—刻度盘

　　（2）热电阻温度计　热电阻温度计由热电阻感温元件和显示仪表组成，它利用导体或半导体的电阻值随温度变化的性质进行温度测量。

　　工业用热电阻的结构有普通型、改装型和专用型等形式。普通型热电阻一般包括电阻体、绝缘体保护套管和接线盒三部分。具体结构图见图 3-18。

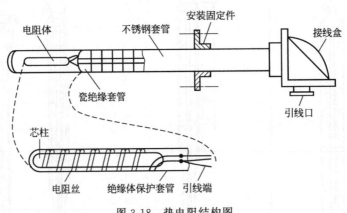

图 3-18　热电阻结构图

　　改装型热电阻就是将电阻体预先拉制成型，并与绝缘体材料和保护套管连成一体，具有直径小、易弯曲、抗震性能好的优点。

常用热电阻感温元件有铂电阻、铜电阻和镍电阻三种，其主要技术特性见表3-4。

表3-4　热电阻感温元件主要技术特性

	名称	分度号	温度范围/℃	温度为0℃时阻值 R_0/Ω	电阻比 R_{100}/R_0	主要特点
标准热电阻	铂电阻	Pt10	−200～850	10±0.01	1.385±0.001	测量精度高，稳定性好，可作为基准仪器
		Pt50		50±0.05	1.385±0.001	
		Pt100		100±0.1	1.385±0.001	
	铜电阻	Cu50	−50～150	50±0.05	1.428±0.002	稳定性好，便宜；但体积大，机械强度较低
		Cu100		100±0.1	1.428±0.002	
	镍电阻	Ni100	−60～180	100±0.1	1.617±0.003	灵敏度高，体积小；但稳定性和复制性较差
		Ni300		300±0.3	1.617±0.003	
		Ni500		500±0.5	1.617±0.003	

① 铂电阻。铂电阻的特点是精度高、稳定性好、性能可靠。它在氧化性介质中，甚至在高温下的物理化学性质都非常稳定。但是在还原性介质中，特别是在高温下，很容易被氧化物中还原出的蒸气沾污，使得铂条变脆，从而改变电阻与温度之间的关系。铂电阻的使用温度范围为−200～850℃，价格非常贵。常用的铂电阻型号是WZB，分度号为Pt50和Pt100。铂电阻感温元件分为工业型、实验室型及微型三种。分度号为Pt50是指0℃时电阻值为50Ω，分度号为Pt100是指0℃时电阻值为100Ω。实验室型的铂电阻为Pt10或Pt30。

② 铜电阻。铜电阻的感温元件测温范围比较狭窄，且物理化学性质的稳定性不如铂电阻，但是价格便宜，并且在−50～150℃范围内电阻值与温度的线性关系很好，因此铜电阻的应用比较普遍。常见的铜电阻感温元件的型号为WZC，分度号为Cu50和Cu100。

③ 镍电阻。镍具有较高的电阻温度系数，灵敏度较高，镍丝的化学性能比较稳定，可焊性好，价格低廉，还能在表面生成一层致密的氧化镍，具有保护作用。由于镍在180℃条件下的电阻温度特性线性度较好，因此，目前机载电阻温度传感器在该范围内一般采用镍电阻丝制备。

（3）热电偶温度计　热电偶温度计是由热电偶感温元件、毫伏检测器及连接导线组成。

热电偶是由两根不同的导体或半导体材料焊接或铰接而成。焊接的一端称为热电偶的热端，与导线连接的一端称为热电偶的冷端。把热电偶的热端插入需要测温的生产设备中，冷端置于生产设备的外面。如果两端所处的温度不同，则在热电偶的回路中便会产生热电势，该热电势的大小与热电偶两端的温度有关。因此可以用热电势来表示热电偶热端温度。热电偶分类及相关参数见表3-5。

表3-5　热电偶分类及相关参数

热电偶名称	补偿导线				在工作端为100℃自由端为0℃时的标准热电势/mV	每米导线电阻值/Ω		
	正极		负极			截面(1mm²)	截面(1.5mm²)	截面(2.5mm²)
	材料	颜色	材料	颜色				
镍铬-镍硅	铜	红	康铜	棕	4.10±0.15	0.52	0.35	0.21
铂铑-铂	铜	红	99.4% Cu,0.6% Ni	绿	0.64±0.03	0.05	0.03	0.02
镍铬-考铜	镍铬合金	紫	考铜	黄	6.9±0.3	1.15	0.77	0.46
铁-康铜	铁	白	康铜	棕	5.02±0.05	0.61	0.41	0.24
铜-考铜	铜	红	考铜合金	黄	4.76±0.15	0.50	0.33	0.20

常用的热电偶有铂铑 10%-铂热电偶，分度号为 LB；镍铬-镍硅热电偶，分度号为 EU；镍铬-考铜热电偶，分度号为 EA；铂铑 30%-铂铑 6%热电偶，分度号 LL；康铜热电偶，分度号为 T。

3.4.2 非接触式测温

在高温测温或不允许因测温而破坏被测对象温度场的情况下，就必须采用非接触式测温方法。大多数情况下用热辐射高温计来测量。这种高温计在工业生产中被广泛应用于冶金、机械、化工等行业，例如用于测量炼钢各种高温窑、盐浴池的温度。

热辐射高温计用来测量高于 700℃的温度，这种温度计不必和被测对象直接接触。所以从原理上讲，这种温度计的测温上限是无限的。由于这种温度计是通过热辐射传热，它不必与被测对象达到热平衡，因而传热速度快、热惯性小。辐射高温计的信号大，灵敏度高，本身精度也高，因此世界各国已经把单色热辐射高温计作为在 1063℃以上温标复制的标准仪表。热辐射高温计见图 3-19。

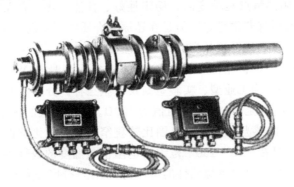

图 3-19　热辐射高温计

测温仪表的比较和选用可参照表 3-6。

表 3-6　测温仪表的比较和选用

类别	名称	原理	优点	缺点	应用场合
接触式仪表	双金属温度计	金属受热时产生线性膨胀	结构简单，机械强度较好，价格低廉	精度低，不能远传与记录	就地测量，电接点式可用于位式控制或报警
	棒式玻璃液体温度计	液体受热时产生体积膨胀	结构简单，精度较高，稳定性好，价格低廉	易碎，不能远传与记录	
	压力式温度计	液体或气体受热后产生体积膨胀或压力变化	结构简单，不怕震动，易就地集中测量	精度低，测量距离较远时滞后性较大，毛细管机械强度差，损坏后不易修复	就地集中测量，可用于自动记录、控制或报警
	热电阻温度计	导体或半导体的电阻随温度而改变	精度高，便于远距离多点集中测量和自动控制温度	不能测高温，与热电偶相比，维护工作量大	与显示仪表配用可集中指示和记录；与调节器配用可对温度进行自动控制
	热电偶温度计	两种不同的金属导体接点受热后产生电势	精度高，测温范围广，不怕震动，与热电阻相比，安装方便，寿命长，便于远距离多点集中测量和自动控制温度	需要冷端补偿和补偿导线，在低温段测量时精度低	

续表

类别	名称	原理	优点	缺点	应用场合
非接触式仪表	光学高温计	加热体的亮度随温度而变化	测温范围广,携带使用方便	只能目测高温;低温段测量精度较差	适用于不接触的高温测量
	光电高温计	加热体的颜色随温度而变化	精度高,反应速率快	只能测高温,结构复杂,读数麻烦,价格高	
	辐射高温计	加热体的辐射能量随温度而变化	测温范围广,反应速率快,价格低廉	误差较大,低温段测量不准;测量精度与环境条件有关	

3.5　液位测量

液位是表征设备和容器内液体储量多少的量度。液位计主要分为：直读式液位计、差压式液位计、浮力式液位计等。

3.5.1　直读式液位计

直读式液位计测量的基本原理是利用测量管与被测容器内的气相、液相直接连接来直接读取容器的液位高低。直读式液位计测量简单，读数直观，但不便进行信号远传，适合于液位的就地测量。直读式液位计测量原理见图 3-20。

值得指出的是：当介质的温度较高，因而测量管内的温度和主体的温度不一致时会出现测量误差。但由于其简单实用，应用广泛，有时还用于自动液位计零位和最高位的校准。

常用的直读式液位计主要有玻璃管式液位计（见图 3-21）和玻璃板式液位计（见图3-22）。玻璃管式液位计上、下两端采用法兰与设备连接，并带有阀门，上、下阀内都装有钢球。当玻璃管因意外事故损

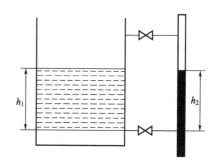

图 3-20　直读式液位计测量原理

h_1—待测液体液位高度；

h_2—测定液体指示高度

坏时，钢球在容器内压力的作用下阻塞通道，这样容器便自动密封，防止容器内的液体继续外流。还可以采用蒸汽夹套伴热，防止易冷凝的液体阻塞管道。

玻璃板式液位计前后两侧玻璃板交错排列，可以克服每段测量存在盲区的缺点，从液位计前面的玻璃板可以看到其后面的玻璃板之间的盲区，反之亦然。

3.5.2　差压式液位计

差压法液位测量原理见图 3-23。

测量压差（Δp，Pa）

$$\Delta p = p_2 - p_1 = H\rho g$$

$$H = \Delta p / \rho g$$

通常被测液体的密度是已知的，差压变送器测得的压差与液位的高度成正比，据此可以计算出液位的高度。

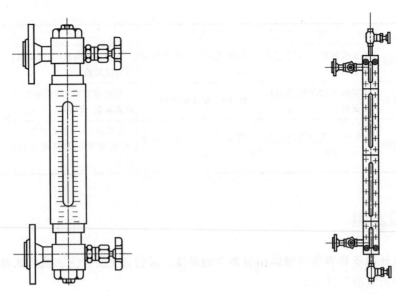

图 3-21　玻璃管式液位计　　　　　　　图 3-22　玻璃板式液位计

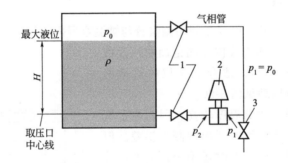

图 3-23　差压法液位测量原理

1—切断阀；2—差压仪表；3—气相管排液阀；H—测量液位高度；p_0—测量液体上方压力；

ρ—测量液体密度；p_1、p_2—排液阀前后压力

3.5.3　浮力式液位计

　　浮力式液位计是应用最早的一类液位测量仪表，这类仪表利用物体在液体中受浮力作用的原理实现液位测量，可以分为浮子式液位计、浮球式液位计、浮筒式液位计和磁性翻板式液位计。

　　(1) 浮子式液位计　浮子式液位计工作时，浮子随着液面上下而升降，通过检测浮子位置的变化进行液位测量。浮筒式液位计从零位到最高位，浮筒全部浸没在液体之中，浮力使得浮筒有一个较小的向上位移，通过检测浮筒所受浮力的变化测量液位。

　　浮子式液位计见图 3-24。

　　当液位升高时，浮子上浮，钢丝绳靠指示表中预警发条的拉力收入表体。以保持浮子的重力、浮力与发条的拉力相平衡。指示表指示出液位值，变送器发出正比于液位的信号。

　　变送器按构造可以分为：钢带齿轮机构、电动变送器，可进行就地液位指示及变送输出4～20mA 的直流信号，也可变送输出脉冲信号到二次仪表进行指示。主要技术指标：测量范围 0～20m，精度 1～2mm。

（2）浮球式液位计　浮球式液位计见图3-25。

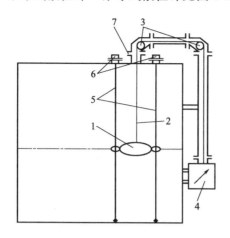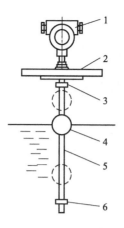

图 3-24　浮子式液位计

1—浮子；2—钢带；3—导向轮装置；

4—指示仪表或变送器；5—浮子导向钢索；

6—导向钢索牵引螺栓；7—钢带引出法兰

图 3-25　浮球式液位计

1—指示仪表或变送器；2—连接法兰；

3—上限位；4—磁性浮球；

5—导向连杆；6—下限位

当容器液位发生变化时，漂浮在液面上的磁性浮球也随之沿着连杆运动，通过对磁性浮球的位置进行测量即可得到液位信息，还可将磁性浮球的位置信号转换为电信号进行远传和控制。

当被测物料的密度发生改变时，可以通过改变磁性浮球的配重，保证测量顺利进行。

（3）浮筒式液位计　浮筒式液位计是基于浮力的原理测量液位，见图3-26。

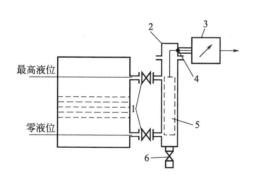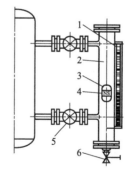

图 3-26　浮筒式液位计

1—截止阀；2—浮筒体；3—指示仪表或变送器；

4—扭力管组件；5—浮筒；6—排放阀

图 3-27　磁性翻板式液位计的结构与安装

1—翻板标尺；2—浮子室；3—浮子；

4—磁钢；5—切断阀；6—排污阀

当液位在零液位时，扭力管受到浮筒的重力所产生的扭力矩（这时的扭力矩最大）的作用，处于0°。当液位逐渐上升到最高时，扭力管受到最大的浮力所产生的力矩的作用（这时扭力矩最小），转过一个角度θ，变送器将这个角度θ转换成4～20mA的直流信号，这个信号大小正比于被测量的液位，从而实现液位的测量。

（4）磁性翻板式液位计　磁性翻板式液位计的结构与安装，见图3-27。

与容器相连的浮子室内装带磁钢的浮子，翻板标尺贴着浮子室壁安装。当液位上升或下降时，浮子也随之升降。翻板标尺中的翻板受到浮子内磁钢的吸引而翻转，翻转部分显示为红色，未翻转部分显示为白色，红白分界之处即表示液位所在。

磁性翻板式液位计除了配备指示标志作就地指示之外，还可以配备报警开关和信号远传装置，前者作高低报警用，后者可将液位转换成 $4 \sim 20 mA$ 的直流信号，送到接收仪表。

3.6 功率测量

化工实验中许多设备的功率在操作过程中是变化的，常需要测定功率与某个参数的变化关系（如离心泵性能曲线测定）。典型的测定功率的方法有马达-天平式测功器测定法、功率表测功法、应变电阻式转矩仪测定法三种。功率测量知识详情可扫描下方二维码"功率测量"阅读。

3.7 转速测量

转速的大小影响到动力机械的许多特性参数，所以准确而便捷的转速测量方法对于工业生产非常重要。转速测量的方法分为两大类：直接法和间接法。直接法直接观测机械或电机的机械运动，测量特定时间内机械运转规律，从而测出机械运动的转速。间接法利用因机械或电机的机械运动而产生变化的其他物理量与转速之间的关系来间接确定转速。转速测量知识详情可扫描下方二维码"转速测量"阅读。

功率测量

转速测量

第 4 章 化工原理基础实验

化工原理基础实验是依照化学工程与工艺以及相关专业的教学大纲，依据化工原理理论教学的章节顺序，设置的化工原理基础实验项目供学生选学。每个实验项目包含实验背景、实验目的、实验原理、实验装置和流程、实验操作要点、实验注意事项、实验数据记录、实验数据处理及结果分析讨论的要求及思考题等内容，此外，部分实验项目后有二维码，读者可扫描二维码获取相关资源。

实验 1 雷诺实验

一、实验背景

无论是空气流动形成的风，还是水流动形成的河水，或是其他气体或液体流动形成的移动状态，无论它们在管道内还是在容器中，只要在流动着，就有快速流和慢速流之分。如何形容这些流体流动的状态，是摆在人类面前的描述难题。能用"汹涌澎湃"形容壶口瀑布的水流的湍急，能用"波澜不惊"形容汾河河床上水流的缓慢，但是如果没有亲身经历，却根本不知道壶口瀑布的水流到底有多么湍急，汾河河床上的水流到底有多么缓慢。在雷诺实验之前，对于流体流动的描述只能停留在普通的文字描述中，直至 1883 年英国科学家雷诺 (Reynolds) 进行了这个实验之后，才感悟到：原来水的流动状态也可以实现数字化的描述。

二、实验目的

1. 观察流体层流、湍流两种流动型态及层流时管中流速分布情况。
2. 确立流体层流和湍流与雷诺数（Re）的关联关系。
3. 熟悉雷诺数的测定与计算。

三、实验原理

实际流体有两种截然不同的流动型态：层流（滞流）和湍流（紊流）。层流时，流体质点作直线运动且互相平行。湍流时，流体质点紊乱地向各个方向作无规则运动，但对流体主体仍可看作向某一方向规则流动。

实验证明流体的流动特性取决于流体流动的流速、导管的几何尺寸、流体的性质（黏度、密度）。各物理参数对流体流动的影响由 Re 的数值决定，即

$$Re = \frac{du\rho}{\mu}$$

式中，u——流体流速，m/s；d——导管直径，m；ρ——流体密度，kg/m³；μ——流体黏度 [kg/(s·m)]，即 Pa·s]。

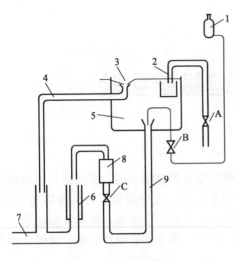

图 1　雷诺实验流程图

1—墨水瓶；2—进水稳流装置；3—溢流箱；
4—溢流管；5—高位水槽；6—量筒；7—排
水管；8—转子流量计；9—玻璃管

实验证明：$Re \leqslant 2000$ 时为层流；$Re = 2000$ 时为层流临界值；$Re \geqslant 4000$ 时为湍流；$Re = 4000$ 时为湍流临界值。

四、实验装置和流程

雷诺实验流程如图 1 所示。

自来水由调节阀门 A 送入高位水槽中，进水稳流装置 2 用来消除进水带来的干扰，高位水槽的水位由溢流箱 3 保持恒定，在水槽下面接一垂直玻璃管，其流量由阀门 C 调节，由转子流量计测出，在高位水槽上部放置一墨水瓶 1，在垂直管入口处插入一根与墨水瓶相通的墨水注入针，墨水的流量可由阀门 B 调节。

五、实验操作要点

1. 熟悉实验装置及流程。

2. 开阀门 B 放一些墨水（2～3cm），关阀门 B，微开阀门 C，使管中的水在很低的流速下流动，观察墨水顶端形状。

3. 开阀门 A 向高位水槽供水，并调节阀门 A 保持有少量水溢流。

4. 微开阀门 B，再调节阀门 C 的开度，观察墨水线在管中出现的不同现象。

5. 流量由小到大，观察墨水线由直线转变为波动时转子流量计的读数，再使流量由大到小，观察墨水线由波动转变为直线时的转子流量计的读数，如此重复测定，即可读出并计算得到实验装置层流临界值。

6. 关阀门 B，再关阀门 C，最后关阀门 A。

六、实验注意事项

1. 溢流装置不要太大，液面波动严重时会影响测试结果。
2. 应调节阀门 B 控制墨水量不要过大，否则既浪费又影响实验结果。
3. 读取流量计读数应待调节完阀门 C 并稳定后再读。
4. 轻开轻关各阀门。

七、实验数据记录

设计数据记录表，记录水的流量与墨水的流动状态之间的关系。

八、实验数据处理及结果分析讨论的要求

1. 根据管径计算水在管内的流速。
2. 根据水的温度，计算水的密度、黏度，最终核算出雷诺数。
3. 改变水的流量，探讨雷诺数和流动现象之间的对应关系。

思考题

1. 在输送流体时，为什么要避免旋涡的形成？

2. 为什么在传热、传质过程要形成适当的旋涡？

3. 流体绕过圆柱流动时，边界层分离发生在什么地方？流速不同，分离点是否不同？边界层分离后流体的流动状态是怎样的？

4. 有人认为，可以通过流速来判断管道中的流体的流动状态，流速低于某一数值时是层流，流速高于某一数值时是湍流，这种看法是否正确？在什么条件下，可以通过流速来判断流体流动状态？

5. 在实验中，连续注入水保持水槽液面高度不变的目的是什么？

6. 为什么要研究流体的流动状态？它在化工过程中有什么意义？

雷诺实验相关内容请扫描下方二维码获取。

雷诺实验相关资源

实验 2　伯努利实验（机械能转化）

一、实验背景

伯努利方程是瑞士物理学家伯努利在 1726 年提出来的，是理想流体作稳定流动时的基本方程。该方程对于确定流体内部各处的压力和流速有很大的实际意义。不仅在化工领域，在水利、造船、航空等领域也有着广泛的应用。本实验是为加深学生对伯努利方程中"机械能转化过程能量守恒"的理解而设置。

二、实验目的

1. 了解在不同情况下，流动流体中各种能量间相互转化的关系和规律，加深学生对伯努利方程的理解。

2. 观测流体克服流动阻力的实验现象。

三、实验原理

1. 流体在流动中具有三种机械能，即位能、动能、静压能，这三种能量是可以相互转换的，当管路条件改变时（如位置、高低、管径、大小），它们便发生能量转化。

2. 对于理想流体，因为不存在因摩擦而产生的机械能损失，因此，在同一管路中的任何两个截面上的三种机械能尽管彼此不一定相等，但各个截面上的这三种机械能的总和是相等的。

3. 对于实际流体，在流动过程中有一部分机械能因摩擦和碰撞而损失，因此两截面上的机械能总和是不相等的，两者的差就是流体在这两截面之间因摩擦和湍动转化为热能的机械能，即损失能量。

4. 流动的机械能计算，以单位质量流体为衡算基准，当流体在截面之间稳定流动，且无外功加入时，流体的机械能衡算式（伯努利方程）的表达形式为

$$gz_1 + \frac{p_1}{\rho} + \frac{u_1^2}{2} = gz_2 + \frac{p_2}{\rho} + \frac{u_2^2}{2} + \sum h_f (\mathrm{J/kg})$$

以单位质量流体为衡算基准，无外功加入时，伯努利方程的表达形式为

$$z_1 + \frac{p_1}{\rho g} + \frac{u_1^2}{2g} = z_2 + \frac{p_2}{\rho g} + \frac{u_2^2}{2g} + H_f (\mathrm{J/N} \text{ 或 m 液柱})$$

单位重量流体所具有的能量称为压头（m）。

式中，z——位压头，m 液柱；$\frac{p}{\rho g}$——静压头，m 液柱；$\frac{u^2}{2g}$——动压头，m 液柱。

四、实验装置和流程

伯努利实验装置流程图如图 1 所示。

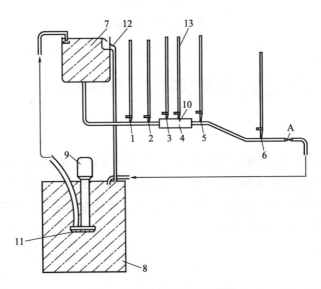

图 1　伯努利实验装置流程图

1,2,5,6—玻璃管（$d_内$约为 13mm）；3,4—玻璃管（$d_内$约为 24mm）；7—高位槽；
8—水槽；9—电动机；10—活动测压头；11—循环水泵；12—溢流管；13—测压管

实验设备由玻璃管、测压管、活动测压头、水槽、循环水泵等组成。水槽中的水通过循环水泵将水送到高位槽，并由溢流管保持一定水位，然后流经玻璃管中的各测点，再通过出口阀 A 流回水槽，由此利用循环水在管路中流动，观察流体流动时发生的能量转换及能量损失。

活动测压头的小管端部封闭，管身开有小孔，小孔位置与玻璃管中心线齐平，小管与测

压管相通，转动活动测压头就可以测量动、静压头。管路分成五段，由大小不同的两种规格的玻璃管组成。

当测压孔与水流方向垂直时，测压管内液位高度（从测压管中心线算起）即为静压头，它反映测压点处液体的压强大小；当测压孔转为正对水流方向时，测压管内液位上升，所增加的液位高度即为测压孔处流体的动压头，反映出该点水流动能的大小，这时测压管内液位高度为静压头＋动压头。液体的位压头由测压孔到基准的高度决定。本实验装置中，以测压装置中标尺的零点处为基准面，那么：

① 高测压管内液位高度在标尺上的读数为静压头＋动压头。

② 低测压管内液位高度在标尺上的读数为静压头＋动压头＋位压头，任意两截面上，静压头、动压头、位压头三者总和之差为损失压头，表示流体流经截面之间的机械能损失。

五、实验操作要点

1. 实验前观察了解实验装置（循环泵的开、关，溢流管如何控制高位槽液面，出口阀 A 如何调节流量，活动弯头的转动，活动测压头结构以及测压管标尺的基准等）。开启循环水泵，同时注意高位槽中液面是否稳定。

2. 观察玻璃管中有无气泡，若有气泡，可先开循环水泵，再开大出口阀让水流带出气泡。也可用拇指按住管的出口，然后突然放开，如此按数次使水流带出气泡。也可拧松活动测压头密封的压盖，以便放出测压点处的气泡。

3. 关闭出口阀 A，开动循环水泵，待高位槽中的液面稳定，观察记录各测压管液面高度（测压孔同时正对或同时垂直于水流方向，两组数据）。略打开出口阀 A（小流量），使测压孔同时平行（正对）水流方向，测取各测压管液面高度，同时用活动弯头测取流量（即测定流出 1000mL 水所需时间）。

4. 实验结束，关闭出口阀 A，关闭循环水泵。

六、实验注意事项

1. 循环泵出口上水阀不要开得过大，以免水流冲击到高位槽外面，导致高位槽液面不稳定。
2. 调节水流量时，注意观察高位槽内水面是否稳定，随时补充水量以保持稳定。
3. 减小水流量时阀门调节要缓慢，以免水量突然减小使测压管中的水溢出管外。
4. 注意排除实验导管内的空气泡。
5. 避免循环泵空转或使循环泵在出口阀门全关的条件下工作。

七、实验数据记录

设计数据记录表格，详细记录不同压强情况下的总压头、动压头、位压头、静压头的相关数据。

八、实验数据处理及结果分析讨论的要求

1. 进行相应的机械能转化计算。
2. 对计算结果进行总结分析。
3. 分析讨论高位槽液面稳定的作用。

思考题

1. 流体在管道中流动时涉及哪些能量？
2. 不可压缩流体在水平非等径管路中流动，流速与管径的关系是什么？
3. 若两测压界面距基准面的高度不同，两截面间的静压差仅仅是由流动阻力造成的吗？
4. 观察各项机械能数值的相对大小，得出结论。

本实验相关视频、实验数据记录表可扫描下方二维码获取。

伯努利实验（机械能转化）相关资源

实验3 流体流动阻力测定实验

一、实验背景

在化工生产中，常常需要将流体通过管道从一个设备输送到另一个设备，或者从一个位置输送到另一个位置。流体流经管道和管件时会分别产生沿程阻力和局部阻力，而流体在流动中需要消耗能量用以克服流动阻力。

对流体流动过程中产生的各种阻力进行综合测定，将有助于学生深入了解管路中流体阻力的影响因素及变化规律，同时有助于对相应的流体输送机械进行选型和设计。流体流动阻力测定实验是化工设计和生产环节最重要的一项操作技能，将为吸收、精馏、萃取等所有涉及流体输送的单元操作的设计和操作奠定基础。

二、实验目的

本实验是通过水在管内流动，测定不同流量下的压力差，计算出不同管径、阀门的阻力，掌握流体流动阻力产生的规律。

1. 学习直管阻力 Δp_f、直管摩擦系数 λ 的测定方法。
2. 掌握直管摩擦系数 λ 与雷诺数 Re 和相对粗糙度之间的关系及其变化规律。
3. 掌握局部阻力 $\Delta p_f'$、局部阻力系数 ζ 的测定方法。
4. 学习压强差的几种测量方法和提高其测量精确度的一些技巧。

三、实验任务

1. 测定实验管路（光滑管、粗糙管）内流体流动的阻力和直管摩擦系数 λ。
2. 测定并绘制实验管路内流体流动的直管摩擦系数 λ 与雷诺数 Re 和相对粗糙度之间的

关系曲线。

3. 测定管路部件局部阻力 Δp_{f} 和局部阻力系数 ζ。

四、实验原理

1. 直管摩擦系数 λ 与雷诺数 Re 的测定

流体在管道内流动时，由于流体的黏性作用和涡流的影响会产生阻力。流体在直管内流动阻力的大小与管长、管径、流体流速和管道摩擦系数有关，它们之间存在如下关系

$$h_{\mathrm{f}}=\frac{\Delta p_{\mathrm{f}}}{\rho}=\lambda\,\frac{l}{d}\frac{u^2}{2} \tag{1}$$

$$\lambda=\frac{2d}{\rho l}\frac{\Delta p_{\mathrm{f}}}{u^2} \tag{2}$$

$$Re=\frac{du\rho}{\mu} \tag{3}$$

式中，d——管径，m；Δp_{f}——直管阻力引起的压强降，Pa；l——管长，m；ρ——流体的密度，kg/m³；u——流速，m/s；μ——流体黏度，N·s/m²。

直管摩擦系数 λ 与雷诺数 Re 之间有一定的关系，这个关系一般用曲线来表示。在实验装置中，直管段管长 l 和管径 d 都已固定。若水温一定，则水的密度 ρ 和黏度 μ 也是定值。所以本实验实质上是测定直管段流体阻力引起的压强降 Δp_{f} 与流速 u（流量 q_V）之间的关系。

根据实验数据和式(2) 可计算出不同流速下的直管摩擦系数 λ，用式(3) 计算对应的 Re，从而整理出直管摩擦系数和雷诺数的关系，绘出 λ 与 Re 的关系曲线。

2. 局部阻力系数 ζ 的测定

$$h_{\mathrm{f}}'=\frac{\Delta p_{\mathrm{f}}'}{\rho}=\zeta\,\frac{u^2}{2} \tag{4}$$

$$\zeta=\frac{2}{\rho}\frac{\Delta p_{\mathrm{f}}'}{u^2} \tag{5}$$

式中，ζ——局部阻力系数，量纲为1；$\Delta p_{\mathrm{f}}'$——局部阻力引起的压强降，Pa；h_{f}'——局部阻力引起的能量损失，J/kg。

$\Delta p_{\mathrm{f}}'$ 可用下面的方法测量：在一条等径的直管段上，安装待测局部阻力的阀门，在其上、下游开两对测压口 $a\text{-}a'$ 和 $b\text{-}b'$，见图1。

图1　局部阻力测量取压口布置图

使 $ab=bc$，$a'b'=b'c'$
则 $\Delta p_{f,ab}=\Delta p_{f,bc}$；$\Delta p_{f,b'a'}=\Delta p_{f,c'b'}$
在 $a\text{-}a'$ 之间列伯努利方程式

$$p_a-p_{a'}=2\Delta p_{f,ab}+2\Delta p_{f,b'a'}+\Delta p_{\mathrm{f}}' \tag{6}$$

在 $b\text{-}b'$ 之间列伯努利方程式

$$p_b-p_{b'}=\Delta p_{f,bc}+\Delta p_{f,c'b'}+\Delta p_{\mathrm{f}}'=\Delta p_{f,ab}+\Delta p_{f,b'a'}+\Delta p_{\mathrm{f}}' \tag{7}$$

联立式(6)和(7),则

$$\Delta p_{\mathrm{f}}' = 2(p_b - p_{b'}) - (p_a - p_{a'})$$

为了便于区分,称 $p_b - p_{b'}$ 为近点压差, $p_a - p_{a'}$ 为远点压差,其数值通过差压传感器来测量。

五、实验装置和流程

1. 实验装置技术参数

离心泵:型号 WB 70/055;流量 8m³/h;扬程 12m;电机功率 550W。

被测直管段:第一套光滑管管径 $d=0.0075\mathrm{m}$;管长 $l\sim1.701\mathrm{m}$,不锈钢;

粗糙管管径 $d=0.009\mathrm{m}$,管长 $l\sim1.697\mathrm{m}$,不锈钢。

玻璃转子流量计:型号 LZB-25;测量范围 100~1000L/h;

型号 VA10-15F;测量范围 10~100L/h。

压差传感器:型号 LXWY;测量范围 200kPa。

数字显示仪表:温度测量 Pt100;数显仪表 AI501B;

压差测量压差传感器数显仪表 AI501BV24。

2. 实验装置和流程示意图

单相流动阻力测定实验装置流程图见图 2。

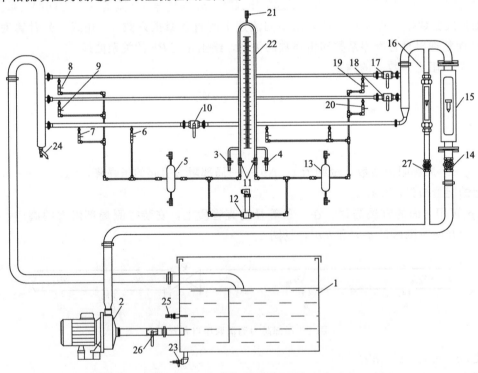

图 2 单相流动阻力测定实验装置流程图

1—水箱;2—离心泵;3,4,24—放水阀;5,13—缓冲罐;6—局部阻力近端测压阀;7—局部阻力远端测压阀;8,20—粗糙管测压阀;9,19—光滑管测压阀;10—局部阻力管;11—U形管进、出水阀;12—压力传感器;14—大流量调节阀;15,16—转子流量计;17—光滑管阀;18—粗糙管阀;21—倒置U形管放空阀;22—倒置U形管;23—水箱放水阀;25—温度计;26—切断阀;27—小流量调节阀

3. 实验装置图

实验装置见图3。

图3　实验装置

流体阻力测定实验装置面板示意图见图4。

六、实验操作要点

1. 实验开始前的准备工作

向水箱内注水至水满为止（最好使用蒸馏水，以保持设备、管道清洁）；给离心泵灌水；开启面板上总电源开关，仪表上电并检查仪表是否正常。

2. 倒置U形管在使用前需要进行"赶气泡"操作

见图2，系统需要先排净气体，以使流体能够连续流动。"赶气泡"操作方法如下：关闭阀门14，在流量为0的条件下打开通向倒置U形管的进水阀，检查导压管内是否有气泡存在。若倒置U形管内液柱高度差不为零，则表明导压管内存在气泡。需要进行赶气泡操作。由3、4、11、12、21、22部件组成导压系统。

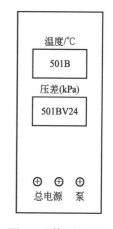

图4　流体阻力测定
实验装置面板

全开阀27加大流量，打开U形管进、出水阀11，使倒置U形管内液体充分流动，以赶出管路内的气泡。分别缓慢地打开两个缓冲罐的排气阀，排空缓冲罐中气体。若观察气泡已赶净，将大、小流量调节阀关闭，U形管进、出水阀11，放水阀3、4关闭，慢慢旋开倒置U形管放空阀21后，分别缓慢打开放水阀3、4，使液柱降至中点上下时马上关闭，管内形成气-水柱，此时管内液柱高度差不一定为0。关闭放空阀21，打开U形管进、出水阀11，此时U形管两液柱的高度差应为0（1～2mm的高度差可以忽略），如不为0则表明管路中仍有气泡存在，需要重复进行赶气泡操作。

3. 光滑管阻力测定

（1）确认粗糙管阀18、局部阻力管阀10关闭后，再关闭其余各管路阀门，将光滑管阀17全开。启动离心泵后全开调节阀14和27，在大流量下将实验管路气泡全部排出。

（2）关闭流量调节阀 14 和 27，然后缓慢打开阀 8 和 19，再将阀 14 全部打开，稳定 3min 后从仪表上读取压差读数和转子流量计 15 的数值。

（3）改变阀 14 的开度，调整转子流量计 15 的流量。稳定 3min 后读取压差读数和转子流量计 15 的数值。实验要改变流量测定 6~8 组数据。

（4）倒置 U 形管在使用前需要进行"赶气泡"操作。

（5）缓慢开启小流量调节阀 27，使其流量为 100L/h，读取倒置 U 形管两边液柱高度。改变流量，稳定后测取流量和压差。

（6）该装置两个转子流量计并联连接，根据流量大小选择不同量程的流量计测量流量。

（7）差压变送器与倒置 U 形管也是并联连接，用于测量压差。小流量时用倒置 U 形管压差计测量，大流量时用差压变送器测量。应在最大流量和最小流量之间进行实验操作，一般测取 15~20 组数据。

（8）在测大流量的压差时应关闭 U 形管的进、出水阀 11 防止水利用 U 形管形成回路影响实验数据。

（9）分别测取实验前后水箱水温。待数据测量完毕，关闭流量调节阀，停泵。

4. 粗糙管阻力测定

操作方法同光滑管阻力测定。

5. 局部阻力测定

操作方法同光滑管阻力测定。

七、实验注意事项

1. 启动离心泵之前以及从光滑管阻力测量切换到其他测量之前，都必须检查所有流量调节阀是否关闭。

2. 利用压力传感器测量大流量下 Δp_f 时，应切断空气-水倒置 U 形管压差计的阀门，否则将影响测量数值的准确性。

3. 在实验过程中每调节一个流量之后，应待流量和直管压降的数据稳定再记录数据。

八、实验数据记录

自主设计光滑管、粗糙管沿程阻力测定实验的数据记录表。内容应包含实验序号、实验时间、管内流量、两端压差、管内流速、雷诺数、摩擦阻力系数等内容。除此之外，还应包含直管内径、管长、流体温度、流体黏度和密度等内容。

自主设计局部阻力测定实验数据记录表，内容应包含实验序号、实验时间、管内流量、近端压差、远端压差、平均流速、局部阻力压差、阻力系数等内容。

九、实验数据处理及结果分析讨论的要求

1. 根据实验记录的原始数据进行相应的数据处理和数据计算。以其中一组数据计算为例列出具体的计算公式和计算过程。

2. 将经过处理后的实验数据填写在对应的实验数据记录表内。采用绘图软件或坐标纸表示出流量与计算参数之间的变化关系。

3. 在双对数坐标纸上（或采用相应作图软件）绘制光滑管的 λ-Re 关系图，并对照柏拉

修斯方程计算其误差。

4. 在双对数坐标纸上（或采用相应作图软件）绘制粗糙管的λ-Re关系图（为便于比较，上述两个关系图可在同一坐标纸上绘制）。

5. 对实验结果进行分析和讨论。例如讨论λ和Re的关系，根据所绘制的曲线引申推测管路的粗糙程度，论述所得结果的工程意义，并从中得出结论。

6. 对实验数据进行必要的误差分析，评价实验数据和结果的误差，并分析其原因。

1. 在测量前为什么要将设备中的空气排尽？怎样才能迅速排尽？如何检验测试系统内的空气已经被排尽？

2. 在不同设备（包括相对粗糙度相同而管径不同）、不同温度下测定的数据是否能关联在一条曲线上？为什么？

3. 流体在直管内稳定流动时产生直管阻力损失的原因是什么？阻力损失是如何测定的？

4. 流体流动时产生局部阻力损失的原因是什么？局部阻力损失是如何测定的？局部阻力系数又是如何确定的？

5. 你认为减少流体在管路中的流动阻力损失有哪些措施？

6. U形管压差计的测压原理是什么？用它能直接测定绝对压力吗？

7. 在U形管差压计上装设"平衡阀"有何作用？在什么情况下它应该是开着的？在什么情况下它应该是关闭的？

8. 如何根据实验装置设计一个高阻和低阻的并联管路系统？如何验证两支路中的流量分配规律？

9. 结合本实验思考量纲分析法在处理工程问题时的优点和局限性。

10. 如果实验中的直管分别采用白铁管和紫铜管，试问在双对数坐标系中得到的摩擦阻力系数和雷诺数的关系曲线是否相同？

11. 为什么摩擦阻力系数与雷诺数的关系曲线需要在双对数坐标纸上进行标绘？

12. 本实验用水作为介质做出来的摩擦阻力系数和雷诺数的关系曲线，对其他流体能否适用？为什么？

13. 若测压孔边缘有毛刺或安装不正，对静压强的测量结果是否有影响？

附　录

本实验中水的密度和黏度，可以通过手册查到，也可以通过公式计算得到。

（1）密度

$$\rho = -0.003589285t^2 - 0.0872501t + 1001.11 \text{(kg/m}^3)$$

式中，t——水的平均温度，℃。

（2）黏度

$$\mu = 0.000001198\exp[1972.53/(273.15+t)] \text{(Pa·s)}$$

式中，t——水的平均温度，℃。

获取本实验装置介绍、数据记录表及项目式教学任务书请扫描下方二维码。

流体流动阻力测定实验相关资源

实验4 流量计校正实验

一、实验背景

常用的流量计大都按标准制造，出厂前一般都在标准状况下（101325Pa，20℃）以水或空气为介质进行标定，据此为用户提供流量曲线或给出规定的流量计算公式中的流量系数，或将流量读数直接刻在显示仪表上。在如下情况需要对流量计进行校正：①用户遗失了出厂的流量曲线，或被测定流体密度与标定流体不同；②流量计因长期使用而产生磨损；③使用的是自制的非标准流量计。

流量计的标定和校正一般采用体积法、称重法或基准流量计法来进行。体积法和称重法是通过测量一定时间内排出的流体体积或质量来实现的。基准流量计法则是用一个已经校准过的精密度级别较高的流量计，作为被标定流量计的比较基准。流量计标定的精度与测量体积的容器、称量时的仪表和基准流量计的精度有关。以上各个测量仪的精度组成了整个标定系统的精度。

对实验室而言，这三种方法均可使用。在小流量液体流量计的标定时，经常使用体积法和称重法。如用量筒作为标准体积容器，以天平称重。对于小流量的气体流量计可以用标准容量瓶、皂膜流量计或湿式气体流量计作为计量基准。

二、实验目的

1. 了解各种流量计（节流式、转子、涡轮）的结构、使用方法和性能。
2. 了解流量计的标定方法。

三、实验任务

测定孔板和文丘里流量计的流量标定曲线（流量-压差关系）、流量系数和雷诺数之间的关系（$C_0 \sim Re$ 关系）。

四、实验原理

节流式流量计又称差压式流量计，是用流体通过节流元件产生的压差来确定流体的速度。常用的有孔板流量计、文丘里流量计以及喷嘴流量计等。本实验采用涡轮流量计作为基准流量计，校正孔板流量计（图1）和文丘里流量计（图2）。

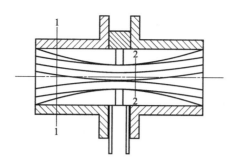

图 1　孔板流量计

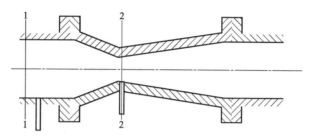

图 2　文丘里流量计

对于孔板流量计，当流体经小孔流过后，产生收缩，形成一缩脉（即流通截面最小处），此处流速最大，根据伯努利方程，静压强相应地降到最低。设进口为 1 截面，缩脉处为 2 截面，列伯努利方程，得

$$\frac{u_2^2 - u_1^2}{2} = \frac{p_1 - p_2}{\rho}$$

或

$$\sqrt{u_2^2 - u_1^2} = \sqrt{2\Delta p/\rho} \tag{1}$$

由于上式未考虑阻力损失，而且缩脉处的截面积难以测得，但孔板口径的大小是知道的，因此上式中的 u_2 可用孔口速度 u_0 代替；另外，实际两测压孔的位置也不在截面 1 和截面 2 处，所以引用校正系数 C 加以校正。上式变为

$$\sqrt{u_0^2 - u_1^2} = C\sqrt{2\Delta p/\rho} \tag{2}$$

对于不可压缩流体，由连续性方程有 $u_1 = u_0 \dfrac{A_0}{A_1}$，代入上式，得

$$u_0 = \frac{C\sqrt{2\Delta p/\rho}}{\sqrt{1-\left(\dfrac{A_0}{A_1}\right)^2}} \tag{3}$$

令　$C_0 = \dfrac{C}{\sqrt{1-\left(\dfrac{A_0}{A_1}\right)^2}}$，$\Delta p = Rg(\rho_0 - \rho)$

于是孔板流量计流量为

$$q_V = u_0 A_0 = C_0 A_0 \sqrt{\frac{2gR(\rho_0 - \rho)}{\rho}} \tag{4}$$

式中，q_V——流体的体积流量，m^3/s；A_0——孔口面积，m^2；C_0——孔流系数；ρ——流体密度，kg/m^3；ρ_0——指示液密度，kg/m^3；R——U 形压差计指示液面高度差，m。

影响 C_0 的因素很多，如 Re、孔口截面积与管道截面积之比 m、测压方式、孔口形状及加工光洁度、孔板厚度等，因此只能通过实验测定。对于测压方式、结构、尺寸、加工状况等均服从规定的标准孔板，孔流系数 C_0 可以表示为

$$C_0 = f(Re, m) \tag{5}$$

式中，Re——以管径计算的雷诺数。

孔板流量计是一种结构简单、易于制造的测量装置，但其主要缺点是能量损失大。为了减少能量损失，可采用文丘里流量计，其工作原理和孔板流量计一样，由于其采用渐缩渐扩的结构，流道化平缓，减少了大量漩涡的形成，故能量损失大大减小。文丘里流量计流量的计算仍采用式(4)，不过式中的孔流系数不同。

流体流过节流装置时，一部分压力损失用来克服摩擦阻力和消耗在节流装置后形成的旋涡上，这部分压力损失通过节流装置后并不能恢复。不能恢复的这部分压力损失称为永久压力损失。流量计的永久压力损失可由实验测定，测量以下两个截面处的压力差即为永久压力损失：对孔板流量计，测定孔板前为 d（d 为管道内径）的距离处与孔板后 $6d$ 的距离处的两处截面之间的压差；对文丘里流量计，测定距离入口和扩散管出口各为 d 处的两个截面间的压差。

五、实验装置和流程

1. 主要仪器仪表及技术参数

(1) 离心泵：型号 WB70/055；转速 n 为 2800r/min；
流量 q_V 为 60L/min；扬程 H 为 14.6m。

(2) 贮水槽：500mm×400mm×400mm。

(3) 实验管路内径：28.0mm。

(4) 涡轮流量计：$DN25$，最大流量 $10m^3/h$。

(5) 孔板流量计：孔径 $\phi18mm$。

(6) 文丘里流量计：喉径 $\phi13mm$。

(7) 转子流量计：LZB-50，量程 $0.6\sim6.0m^3/h$。

(8) 差压变送器：$0\sim150kPa$。

2. 实验装置流程

流量计校正实验流程见图3，流量计校正实验装置图见图4。

用离心泵3将贮水槽8的水直接送到实验管路中，经涡轮流量计计量后分别进入转子流量计、孔板流量计、文丘里流量计，最后返回贮水槽8。水的流量由流量调节阀9、10、11、12来调节。用孔板流量计测量时打开阀9、11，关闭阀10、12；用文丘里流量计测量时打开阀9、10，关闭阀11、12；用转子流量计测量时打开阀11、12，关闭阀9、10。温度由铜电阻温度计测量。

六、实验操作要点

1. 关闭泵流量调节阀9、10、11、12，启动离心泵。

2. 测取文丘里流量计的孔流系数，按流量从小到大的顺序进行实验。将阀9全开，用流量调节阀10调节流量，读取涡轮流量计的读数和文丘里流量计压差（仪表显示）。测完

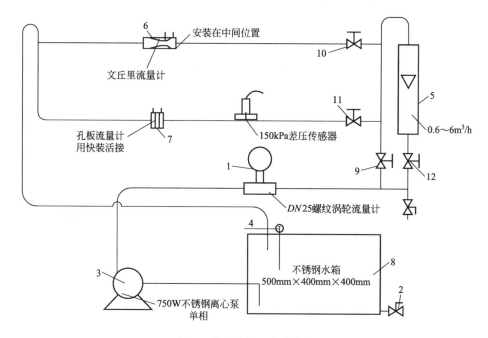

图 3 流量计校正实验流程

1—涡轮流量计；2—放水阀；3—离心泵；4—温度计；5—转子流量计；
6—文丘里流量计；7—孔板流量计；8—贮水槽；9～12—流量调节阀

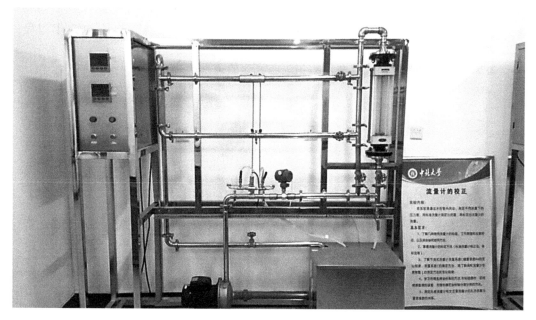

图 4 流量计校正实验装置图

后，将流量调节阀 9、10 关闭。

3. 测取孔板流量计的孔流系数，按流量从小到大的顺序进行实验。将阀 9 全开，用流量调节阀 11 调节流量，读取涡轮流量计的读数和孔板流量计压差（仪表显示）。测完后，将流量调节阀 9、11 关闭。

4. 转子流量计的校正，按流量从小到大的顺序进行实验。在阀 9、10 全关闭的情况下，将阀 11 全打开,用流量调节阀 12 调节流量,读取涡轮流量计的读数(仪表显示)和转子流量计读数。

5. 读取水箱内水的温度。

6. 实验结束后,关闭流量调节阀 9、10、11、12,停泵。

七、实验注意事项

1. 阀 12 在离心泵启动前应关闭,避免由于压力过大将转子流量计的玻璃管打碎。

2. 测量孔板的孔流系数时,另一支路,即文丘里支路的流量调节阀 10 必须关闭;同样地,测量文丘里流量计时,孔板流量计支路流量调节阀 11 必须关闭。

3. 水质要清洁,以免影响涡轮流量计的运行。

4. 完成实验后打开所有阀门,排净管路内部积水。

八、实验数据记录

根据以上实验内容设计文丘里流量计、孔板流量计实验数据记录表,应包括需校正的流量计流量、流量计压差、校准流量计流量、流速、雷诺数、孔流系数等内容,还需包括流量计几何尺寸、水温等数据。

水在不同温度下的密度和黏度参见第 4 章实验 3 附录。

九、实验数据处理及结果分析讨论的要求

1. 将所有实验数据和计算结果列成表格,并取其中任一组实验数据写出具体的计算过程。

2. 在半对数坐标纸上作出孔流系数 $C_0 \sim Re$ 关系曲线。

3. 在双对数坐标纸上作出永久压力损失与流速的关系曲线。

思考题

1. 为什么节流式流量计安装时,要求前后有一定的直管稳定段?

2. 若流量相同,孔板流量计所测压差与文丘里流量计所测压差哪一个大?为什么?

3. 安装孔板流量计与文丘里流量计时应注意哪些问题?

4. 孔流系数与哪些因素有关?

本实验装置介绍及孔板流量计、文丘里流量计测定数据作图示例请扫描下方二维码获取。

流量计校正实验相关资源

实验5 离心泵特性曲线测定实验

一、实验背景

离心泵是工业生产中最常见的液体输送设备。离心泵的特性曲线是选择和使用离心泵的重要依据之一，它们是在恒定转速下泵的扬程 H、轴功率 N 及效率 η 与泵的流量 q_V 之间的关系曲线，是流体在泵内流动规律的宏观表现形式。由于泵内部流动情况复杂，不能用理论方法推导出泵的特性关系曲线，只能依靠实验测定。

二、实验目的

1. 了解离心泵结构与特性，熟悉离心泵的使用。
2. 掌握离心泵特性曲线测定方法。
3. 理解组成管路的各种管件、阀门，并了解其作用。

三、实验任务

1. 熟悉离心泵的结构与操作方法。
2. 根据最大流量范围确定实验点的布置。
3. 测定某型号离心泵在一定转速下的特性曲线。

四、实验原理

1. 扬程 H 的测定与计算

取离心泵进口真空表和出口压力表处为1、2两截面，列机械能衡算方程

$$z_1 + \frac{p_1}{\rho g} + \frac{u_1^2}{2g} + H = z_2 + \frac{p_2}{\rho g} + \frac{u_2^2}{2g} + \sum h_f \tag{1}$$

由于两截面间的管长较短，通常可忽略阻力项 $\sum h_f$，速度平方差也很小，故可忽略。于是

$$H = (z_2 - z_1) + \frac{p_2 - p_1}{\rho g}$$
$$= H_0 + H_1 + H_2 \tag{2}$$

式中，$H_0 = z_2 - z_1$，表示泵出口和进口间的位差，m；ρ——流体密度，kg/m³；g——重力加速度 m/s²；p_1、p_2——泵进、出口的真空度和表压，Pa；H_1、H_2——泵进、出口的真空度和表压对应的压头，m；u_1、u_2——泵进、出口的流速，m/s；z_1、z_2——真空表、压力表的安装高度，m。

由上式可知，只要读出真空表和压力表上的数值及两表的安装高度差，就可计算出泵的扬程。

2. 轴功率 N 的测定与计算

$$N = N_{电} k \tag{3}$$

式中，$N_{电}$——电功率表显示值；k——电机传动效率，可取 $k = 0.95$。

3. 效率 η 的计算

泵的效率 η 是泵的有效功率 N_e 与轴功率 N 的比值。有效功率 N_e 是单位时间内流体经过泵时所获得的实际机械能，轴功率 N 是单位时间内泵轴从电机得到的机械能，两者差异反映了阻力损失、容积损失和机械损失的大小。

泵的有效功率 N_e 可用下式计算

$$N_e = Hq_V\rho g \tag{4}$$

故泵效率为

$$\eta = \frac{Hq_V\rho g}{N} \times 100\% \tag{5}$$

五、实验装置和流程

离心泵特性曲线测定实验装置流程图如图 1 所示。

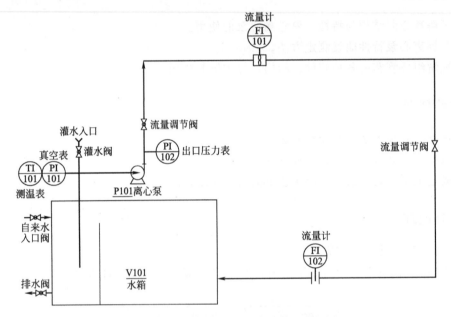

图 1　离心泵特性曲线测定实验装置流程图

六、实验操作要点

1. 实验准备

清洗水箱，并向水箱加注 2/3 体积的自来水；给离心泵灌水，排出泵内气体，直到有水从排气管流出，说明气已排尽，关闭灌水阀和排气阀；打开总电源和仪表开关。

2. 泵启动

关闭泵的出口阀，启动水泵。待电机转动平稳后，缓开泵出口阀至最大。（注意：不可使泵在无流量状态下长时间运转，否则会烧坏电机。）

3. 确定最大流量及数据采集点

观察记录的最大流量，据此设定实验点 8 个，实验点流量不能太小（不低于 0.1m³/h，过低不准确，且泵长时间在低流量下运行容易烧坏电机）。实验点尽可能均布。

4. 离心泵特性曲线测定

逐渐开大泵出口阀以增大流量，待各仪表读数显示稳定后，读取相应数据。主要获取实验参数为：流量 q_V、泵进口压力 p_1、泵出口压力 p_2、电机功率 N、电机转速 n、水温 t 和两测压点间高度差 H_0。测取 10 组左右数据后，可以停泵，然后记录下设备的相关数据（如离心泵型号，额定流量、扬程和功率等）。

七、实验注意事项

1. 一般每次实验前，均需对泵进行灌泵操作，以防止离心泵气缚。同时注意定期对泵进行保养，防止叶轮被固体颗粒损坏。

2. 泵运转过程中，勿触碰泵主轴部分，因其高速转动，可能会缠绕并伤害身体接触部位。

八、实验数据记录

1. 用自来水做实验物料，在离心泵转速一定的情况下，测定不同流量下离心泵进出口的压力和电机的功率。

2. 自主设计实验过程原始数据记录表，不同流量下泵的特性参数记录表。

3. 原始数据记录表表头应包括：实验次数、流量、泵进口压力、泵出口压力，离心泵电机功率 P_e，泵转速。泵的特性参数记录表应该包括实验次数、流量 q_V，扬程、轴功率、泵效率等内容。同时需要记录实验时的水温（以确定水的密度），以及进出口管路的管径 d_1 和 d_2，据此可以配置相应的测试点和测试仪表。

九、实验数据处理及结果分析讨论的要求

1. 根据实验记录的原始数据进行相应的数据处理和数据计算。以其中一组数据计算为例列出具体的计算公式和计算过程。

2. 在将数据处理结果标绘于坐标纸之前，要求根据误差分析的理论计算，估计实验结果的误差，并根据计算结果求出坐标分度比例尺，根据该比例尺确定坐标分度后再进行标绘。

3. 对实验结果进行分析讨论。例如离心泵的扬程、效率及泵的功率与流量之间的关系，分析出现这些规律的产生原因，所得结果的工程意义等，从中得到若干的结论。

4. 试分析讨论，如果进、出口管路的管径变化，泵的特性曲线是否会发生变化？

不同温度下水的密度参见本书第 4 章实验 3 附录。

思考题

1. 离心泵启动前为什么必须灌水？如果灌水排气后泵仍启动不起来，你认为可能是什么原因？

2. 为什么启动离心泵时要关闭离心泵的出口阀门和功率表开关？

3. 为什么调节离心泵的出口阀门可以调节其流量？用这种方法调节流量有什么优缺点？

是否还有其他方法可以调节泵的流量？

4. 用一台输水的离心泵输送密度与水不同的其他液体，此时泵的流量、压头、功率、效率是否改变？

5. 管路特性曲线的形状与泵的性能有关吗？它取决于哪些因素？改变管路特性曲线的方法有哪些？

6. 随着流量增加，泵出口处压力表和入口处真空表读数有何变化？

7. 试分析，如果用清水泵输送密度为 $1200kg/m^3$ 的盐水（忽略黏度的影响），在相同流量下，你认为泵的出口压力是否变化？轴功率是否变化？

本实验装置介绍及实验数据记录表请扫描下方二维码获取。

离心泵特性曲线测定实验相关资源

实验6 离心风机特性曲线测定实验

一、实验背景

离心风机是依靠电机输入的机械能，提高气体压力并输送气体的机械。离心风机广泛用于工厂、矿井、隧道、冷却塔、车辆、船舶和建筑物的通风、排尘和冷却；锅炉和工业炉窑的通风和引风；空气调节设备和家用电器设备中的冷却和通风；风洞风源和气垫船的充气与推进等。

离心风机在一定转速下的风压、功率、效率与风量之间存在一定的关系。由于离心风机工作过程的复杂性，很难从理论上得出这些关系的精确数学表达式。实际应用中，通常将离心风机的风压、功率和效率等与风量的变化关系曲线称为离心风机特性曲线。测定离心风机特性曲线可为离心风机的选用提供参考。

二、实验目的

1. 了解离心风机的构造，掌握离心风机操作和调节方法。熟悉离心风机性能测定装置的结构与基本原理。

2. 掌握离心风机特性曲线测定方法。

三、实验任务

1. 测定离心风机在恒定转速下的特性曲线，并确定其最佳工作范围。

2. 测定流体在管内的速度分布。

3. 学习用微差压差计测量压差，并对压差计进行标定。

四、实验原理

1. 离心风机特性曲线测定

(1) 风量 离心风机的风量是指单位时间内输送气体的体积,并以离心风机入口处气体的状态计,用 q_V 表示,单位为 m^3/s。

(2) 风压 离心风机的风压是指单位体积的气体流过离心风机时获得的机械能,以 H_T 表示,单位为 $J/m^3 = N/m^2$,由于 H_T 的单位与压力的单位相同,所以称为风压。

用下标1、2分别表示进口与出口的状态。在离心风机的吸入口与压出口之间,列伯努利方程

$$z_1 + \frac{p_1}{\rho g} + \frac{u_1^2}{2g} + H_T = z_2 + \frac{p_2}{\rho g} + \frac{u_2^2}{2g} + \sum H_f \tag{1}$$

上式各项均乘以 ρg 并加以整理得

$$\rho g H_T = \rho g(z_2 - z_1) + (p_2 - p_1) + \frac{\rho(u_2^2 - u_1^2)}{2} + \rho g \sum H_f \tag{2}$$

对于气体,式中 ρ (气体密度)值比较小,故 $\rho g(z_2 - z_1)$ 可以忽略;因进口管段很短,$\rho g \sum H_f$ 也可以忽略。由于空气是由通风机直接排到大气中,u_2^2 可以忽略,离心风机出口静压为0。因此,上述伯努利方程可以简化成

$$H_T = -p_{st} - \frac{u_1^2}{2}\rho \tag{3}$$

式中,$-p_{st}$——静风压;$-\frac{u_1^2}{2}\rho$——动风压。离心风机入口处气体流速比较大,因此动风压不能忽略。离心风机的风压为静风压和动风压之和,又称为全风压或全压。离心风机性能表上所列的风压指的就是全风压。

(3) 轴功率 功率表测得的功率为电动机的输入功率。由于离心风机由电动机直接带动,传动效率可视为1,所以以电动机的输出功率等于离心风机的轴功率。即:

离心风机的轴功率 N = 电动机的输出功率,kW;

电动机的输出功率 = 电动机的输入功率 × 电动机的效率,kW;

离心风机的轴功率 = 功率表的读数 × 电动机效率,kW(本实验电机效率为0.9)。

(4) 风机效率

$$\eta = \frac{N_e}{N} \tag{4}$$

$$N_e = \frac{H_T q_V}{1000} \tag{5}$$

式中,η——离心风机的效率;N——离心风机的轴功率,kW;N_e——离心风机的有效功率,kW;q_V——离心风机的流量,m^3/s。

2. 流体在管内的速度分布

测点的流速表达式

$$u_1 = c\sqrt{2\Delta p/\rho} \tag{6}$$

$$u_2 = \frac{A_1 u_1}{A_2} \tag{7}$$

式中，u_1——进口风速，m/s；u_2——出口风速，m/s；c——毕托管的校正系数，取 0.98~1.0；Δp——毕托管压差，Pa；ρ——空气密度，kg/m³；A_1——风机进口面积，m²；A_2——风机出口面积，m²。

五、实验装置和流程

本实验装置符合 GB/T 1236—2017《工业通风机 用标准化风道性能试验》。用此装置进行离心风机性能实验，可以得到被测离心风机的 H_T-q_V，η-q_V，N_e-q_V 性能曲线，并可换算出指定条件下离心风机的参数。

离心风机性能实验装置如图 1 所示。

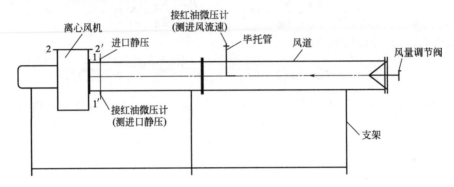

图 1　离心风机性能实验装置

实验装置主要由实验风管和被测离心风机两部分组成。

1. 实验风管

风管进风口处设有风量调节阀，可通过旋转调节手柄控制进风流量。

风管的中间段安装有毕托管，毕托管与红油微压计连接，通过读取红油微压计的读数，代入公式可计算出进风风速。

在风管与离心风机连接处的附近的断面上设有四个测压孔，测压孔用胶管连接到红油微压计上，用来测量离心风机进口处的静压。

2. 被测离心风机

包括进风口、叶轮和蜗壳。离心风机的进风口用法兰与实验风管的接头相连接，实验台采用进气实验方法，其在一定工况下运行时，空气流经风管进入风机，被叶轮送至风机出口。

六、实验操作要点

1. 实验前检查红油微压计中红油刻度是否为零。

2. 打开风量调节阀。

3. 打开电源，检查各仪表显示是否正常。

4. 开启离心风机，观察各仪表及红油微压计读数，待读数稳定后，记录功率、毕托管压差、进口静压。

5. 调节风量调节阀，使进风流量变小，待各仪表及红油微压计读数稳定后，记录功率、毕托管压差、进口静压。

6. 依次调节进风流量，记录不同流量下的数据。

7. 实验完成后，关闭离心风机，关闭电源。

七、实验注意事项

1. 测试前应检查实验管路是否泄漏，测试仪器是否备齐，安装是否正确。

2. 在关闭进气口情况下启动电动机，待电动机运转正常后方可进行各项测试。

3. 离心风机采用三相电机，若设备更换实验场地，在实验前需检查离心风机是否正转。若反转，将离心风机的任意两火线对调即可。

4. 红油微压计的两根进气管有高压和低压之分。

5. 若红油微压计里的红油量太少，可通过注油口进行添加，加红油时，需缓慢添加，然后通过下方的调节旋钮将红油调至零刻度。

八、实验数据记录

根据实验过程，设计实验数据记录表。记录表应该包含实验次数、毕托管压差、功率表功率、进口静压强、全风压、静风压、流量、轴功率、效率等内容。

九、实验数据处理及结果分析讨论的要求

1. 将所测的 q_V、p_t、p_s、N 等参数转换成标准状况下的 q_{V0}、p_{0t}、p_{0s}、N_0 等参数，绘出离心风机特性曲线图。

2. 绘制被测离心风机的空气动力性能曲线。

3. 绘制空气在管内流速分布图。

思考题

1. 为什么要测定离心风机的特性曲线？

2. 为什么要在关闭进气口的情况下启动电动机？

3. 测速管测定流速的原理是什么？

附　录

本实验应将参数换算为标准进气状态的参数值（q_{V0}、p_{0t}、p_{0s}、N_0）。所谓标准进气状态是指压力 $p = 1.013 \times 10^5 \, \text{Pa}$，温度 $T = 293 \text{K}$，大气密度 $\rho = 1.2 \text{kg/m}^3$ 时的状态。

其中，$q_{V0} = q_V$，$p_{0t} = p_t \dfrac{1.2}{\rho}$，$p_{0s} = p_s \dfrac{1.2}{\rho}$，$\eta_0 = \eta$。

实验中 ρ 为进气状态空气密度（kg/m^3），应根据工况温度和压力进行换算得出（温度通过温度计测量，压力为当地大气压），然后根据各参数之间的关系，绘出在一定转速下离心风机的特性曲线。

实验装置及实验数据记录表请扫描下方二维码获取。

离心风机特性曲线测定实验相关资源

实验7 重力沉降和旋风分离器沉降实验

一、实验背景

重力沉降室是最简易的除尘设备，主要由室体、进气口、出气口和集灰斗组成。含尘气流进入室体内，因流动截面积的扩大而使气体流速降低，较大尘粒借助自身重力作用自然沉降而被捕集下来。重力沉降室适用于捕集密度大、尺寸较大（50μm以上）的粉尘，特别是对设备磨损严重的粉尘。其优点是结构简单、造价低、施工容易、维护管理方便、阻力小（一般为50～150Pa），可处理较高温气体（最高使用温度能达到350～550℃）、可回收干灰等。因此，它一般作为多级除尘系统中的预除尘器使用。

旋风分离器可用于气-固体系或者液-固体系的分离。它的工作原理为靠气流切向流入圆筒造成的旋转运动，把具有较大惯性离心力的固体颗粒甩向外壁。旋风分离器的主要特点是结构简单、操作弹性大、效率较高、管理维修方便、价格低廉，用于捕集直径5～10μm的粉尘，特别适合于粉尘颗粒较粗、含尘浓度较大、高温、高压条件，也常作为流化床反应器的内分离装置，或作为预分离器使用，是工业上应用很广的一种分离设备。

本实验是这两个单元操作的组合。开展本实验将有助于深入理解重力沉降和离心沉降的基本原理，了解重力沉降室和旋风分离器的操作方法，增进学生对相关工业知识的了解。

二、实验目的

1. 熟悉重力沉降和离心沉降的基本原理和操作方法。
2. 掌握筛分原理。

三、实验任务

考察重力沉降颗粒雷诺数、沉降速度以及分离颗粒直径之间的关系。

四、实验原理

旋风分离器主体上部是圆筒形，下部是圆锥形，进气管在圆筒的旁侧，与圆筒外侧切向连接。

含尘气体进入旋风分离器后，在旋风分离器内做螺旋运动，颗粒在离心力的作用下被甩向壁面，分离后的颗粒沿分离器的锥形部分落入灰斗，气体则由旋风分离器顶部的排气管排走，从而达到分离的目的。

五、实验装置和流程

实验装置如图 1 所示。

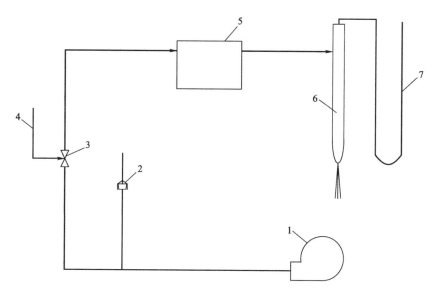

图 1　实验装置示意图

1—风机；2—旁路阀门；3—混合器；4—进样管；5—降尘室；6—旋风分离器；7—U 形管压差计

六、实验操作要点

1. 在烧杯中装入半杯含尘颗粒。
2. 开启实验室墙上三相电开关。
3. 将旁路阀门打开至最大。
4. 打开控制柜上开启风机的绿色按钮。
5. 接入含尘容器和进样管，逐步关小旁路阀门，陆续稳定加入含尘颗粒。
6. 实验完毕，关闭风机电源。
7. 分别取出降尘室和旋风分离器下部含尘样品。
8. 测定两个样品的粒径范围。
9. 整理实验装置和台面，实验结束。

七、实验注意事项

开启风机时要高度留意其响声及转动情况，若没有启动，要立即按红色关闭按钮，若不及时关闭，将烧毁风机电机。

八、实验数据记录

根据实验操作过程，绘制实验数据记录表格。

九、实验数据处理及结果分析讨论的要求

1. 考察旋风分离器空气流量和压降之间的关系。
2. 分别对比旋风除尘和重力降尘过程的理论粒径范围和测定粒径范围。
3. 考察气体进样量与分离效果的关系。
4. 考察重力沉降雷诺数、沉降速度以及分离颗粒直径之间的关系。

1. 重力沉降的沉降速度与哪些因素有关？
2. 如何测定颗粒的粒径分布范围？
3. 旋风分离器分离效率的影响因素有哪些？
4. 对于一定的物系，要提高分离效率应当采取何种措施？
5. 离心沉降与重力沉降有何区别？
6. 评价旋风分离器的性能指标有哪些？影响其性能的因素有哪些？
7. 颗粒在旋风分离器内的径向沉降过程中，沉降速度是否恒定？

实验视频介绍及项目式任务书请扫描下方二维码获取。

重力沉降和旋风分离器沉降实验相关资源

实验 8　过滤实验

一、实验背景

　　过滤是在外力作用下，使悬浮液中的液体通过多孔介质的孔道，而悬浮液中的固体颗粒被筛分截留在过滤介质上，从而实现固液分离的操作。驱动液体通过过滤介质的推动力主要有重力、压力、离心力等。

　　过滤是一种常见的化工单元操作，广泛应用于污水处理、矿物精选、化工产品分离、酒类加工及其他生产中。

二、实验目的

　　1. 掌握恒压过滤常数 K、单位过滤面积上的虚拟滤液体积 q_e、虚拟过滤时间 θ_e 的测定

方法，加深对 K、q_e、θ_e 概念和影响因素的理解。

2. 学习滤饼的压缩性指数 s 和物料特性常数 k 的测定方法。

3. 学习 $\dfrac{\mathrm{d}\theta}{\mathrm{d}q} \sim q$ 关系的实验确定方法。

4. 学习用正交实验法来安排实验，达到最大限度地减小实验工作量的目的。

5. 学习对正交实验法的实验结果进行科学的分析，分析出每个因素重要性的大小，指出实验指标随各因素变化的趋势，了解适宜操作条件的确定方法。

三、实验任务

1. 测定不同压力下的过滤常数 K。

2. 根据实验测量数据，计算滤饼的压缩性指数 s 和物料特性常数 k。

四、实验原理

过滤是利用过滤介质进行液-固系统分离的过程，过滤介质通常采用带有许多毛细孔的物质，如帆布、毛毯、多孔陶瓷等。含有固体颗粒的悬浮液在一定压力作用下与过滤介质接触，液体通过过滤介质，固体颗粒被截留，从而使液固两相分离。

在过滤过程中，由于固体颗粒不断被截留在介质表面上，滤饼厚度逐渐增加，使液体流过固体颗粒之间的孔道加长，流体流动阻力增加。因此，恒压过滤时，过滤速率是逐渐下降的。随着过滤的进行，若想得到相同的滤液量，则过滤时间要增加。

恒压过滤方程

$$(q+q_e)^2 = K(\theta+\theta_e) \tag{1}$$

式中，q——单位过滤面积获得的滤液体积，$\mathrm{m^3/m^2}$；q_e——单位过滤面积上的虚拟滤液体积，$\mathrm{m^3/m^2}$；θ——实际过滤时间，s；θ_e——虚拟过滤时间，s；K——过滤常数，$\mathrm{m^2/s}$。

将式(1) 进行微分可得

$$\frac{\mathrm{d}\theta}{\mathrm{d}q} = \frac{2}{K}q + \frac{2}{K}q_e \tag{2}$$

这是一个直线方程式，于普通坐标纸上标绘 $\dfrac{\mathrm{d}\theta}{\mathrm{d}q} \sim q$ 的关系，可得直线。其斜率为 $\dfrac{2}{K}$，截距为 $\dfrac{2}{K}q_e$，从而求出 K、q_e。θ_e 可由下式求出

$$q_e^2 = K\theta_e \tag{3}$$

注：当各数据点的时间间隔不大时，$\dfrac{\mathrm{d}\theta}{\mathrm{d}q}$ 可用增量之比 $\dfrac{\Delta\theta}{\Delta q}$ 来代替。

过滤常数的定义式

$$K = 2k\Delta p^{1-s} \tag{4}$$

两边取对数

$$\lg K = (1-s)\lg\Delta p + \lg(2k) \tag{5}$$

因为 k 是常数，故 K 与 Δp 的关系在双对数坐标纸上标绘时应是一条直线，直线的斜率为 $1-s$，由此可得滤饼的压缩性指数 s，然后代入式(4)求物料特性常数 k。

五、实验装置和流程

不锈钢离心泵：型号 WB70/075。

搅拌器：功率 90W；转速 20～150r/min。

过滤板：规格 $\phi 100mm \times 10mm$。

计量桶：长 280mm，宽 320mm。

板框过滤实验流程见图 1。

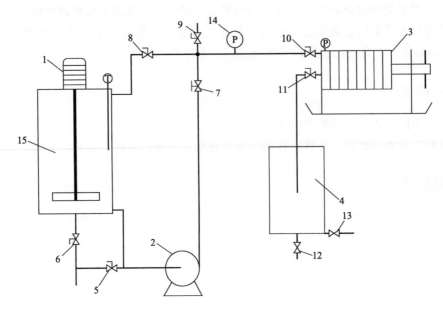

图 1　板框过滤实验流程

1—搅拌电机；2—不锈钢离心泵；3—板框压滤机；4—滤液计量槽；

5～13—阀门；14—压力表；15—滤浆槽

六、实验操作要点

1. 打开设备电源，向滤浆槽内加入适量清水，打开搅拌器电源，然后向滤浆槽中加入适量碳酸钙，将滤浆槽内浆液搅拌均匀，最后碳酸钙悬浮液浓度在 5％～10％。

2. 用压紧装置压紧板框过滤机的板和框后待用。板框过滤机板、框排列顺序为：固定头—非洗涤板—框—洗涤板—框—非洗涤板—可动头。用压紧装置压紧后待用。

3. 使阀门 8 处于全开，阀门 9、10、11 处于全关状态。启动离心泵，调节阀门 8 使压力表 14 达到规定值。

4. 待压力表 14 稳定后，打开阀门 10、11，过滤开始。记录滤液高度每增加 10mm 时所用的时间。记录 5～10 组数据。

5. 关闭离心泵，开启压紧装置卸下过滤框内的滤饼，将滤布清洗干净并重新安装，排净计量桶内的滤液。

6. 调节阀门 8，改变过滤压力，从步骤 3 开始重复上述实验并记录相关数据。

7. 实验结束时阀门 9 接通自来水，阀门 12 接通排水，关闭阀门 8，对板框进行冲洗。

七、实验注意事项

1. 过滤板与框之间的密封垫应注意放正，过滤板与框的滤液进出口对齐。用摇柄把过滤设备压紧，以免漏液。

2. 每个学期实验课程结束时，需将滤浆槽内的碳酸钙水溶液排净，然后用清水将滤浆槽、离心泵、板框清洗干净。

3. 电动搅拌器为无级调速。使用时首先接上系统电源，打开调速器开关，调速钮一定由小到大缓慢调节，切勿反方向调节或调节过快，以免损坏电机。使用后，将无级调速器转速调至0。

4. 启动搅拌前，用手旋转一下搅拌轴以保证顺利启动搅拌器。

八、实验数据记录

1. 记录实验操作条件：滤浆种类和浓度、过滤面积、操作压强等。

2. 绘制实验数据记录表，包含实验次数、过滤压力、过滤时间、滤液量、过滤面积以及过滤常数等。

九、实验数据处理及结果分析讨论的要求

1. 以累积的滤液量 q 对时间 θ 作图，得出 q 和 θ 之间的关系（即过滤曲线）。

2. 在恒压操作下，在普通坐标纸上标绘 $\dfrac{\mathrm{d}\theta}{\mathrm{d}q}-q$ 的关系曲线，求出 K 和 q_e。

3. 计算滤饼的压缩性指数 s 和物料特性常数 k。

4. 对实验数据进行误差分析，并寻找原因。

5. 对实验结果进行讨论分析，并从中得出结论，提出自己的建议和设想。

1. 什么是滤浆、滤饼、滤液、过滤介质及助滤剂？

2. 简述恒压过滤的特点。

3. 过滤常数与哪些因素有关？

4. 恒压过滤中，不同过滤压力得到的滤饼结构是否相同？

5. 不同的过滤压力下，恒压过滤至满框时，得到的过滤量是否相同？为什么？

6. 过滤过程中滤浆槽中为什么要用搅拌器对悬浮液进行搅拌？

7. 对于恒压过滤，通过延长过滤时间来提高板框过滤机的生产能力是否可行？为什么？

8. 简述影响间歇过滤机生产能力的主要因素以及提高间歇过滤机生产能力的途径。

9. 为什么过滤开始时滤液浑浊，过一段时间才澄清？

10. 本装置做哪些改进后，可以进行先恒速后恒压，或者恒速过滤的研究？

11. 如果滤液的黏度过大，应采用什么方法提高过滤速率？

12. 如果操作压力增加一倍，其 K 值是否也要增加一倍？要得到同样的滤液量时，其过滤时间是否缩短一半？

13. 恒压过滤时，第一数据点是否有偏高或偏低现象？为什么？

实验装置介绍，数据记录表及项目式教学任务书请扫描下方二维码获取。

过滤实验相关资源

实验9 传热系数测定实验

一、实验背景

传热在工程技术领域中的应用十分广泛，在化工、动力、制冷、建筑、机械制造、新能源和航空等行业中，都占有十分重要的地位。因此，了解传热过程的基本原理及传热设备（即换热器）的结构性能具有极其重要的意义。

换热器是由各种不同的传热元件组成的换热设备，冷、热流体借助换热器中的传热元件进行热量交换而完成加热或冷却任务。换热器的传热系数是衡量换热器性能的标准，不同传热元件组成的换热器的性能可能存在较大的差异。确定换热器换热性能（主要是指传热系数）的有效途径是通过实验进行测定。

二、实验目的

1. 熟悉传热实验的实验方案设计及流程设计。

2. 了解换热器的基本构造与操作原理。

三、实验任务

1. 用实测法和理论计算法得到管内对流传热系数 α 和努塞尔数 Nu，并分别比较不同的测定值。对普通管和强化管的结果进行比较，进一步了解影响传热系数的因素和强化传热的途径。

2. 在双对数坐标纸上标出 Nu 与 Re 的关系，最后用计算软件回归出 Nu 与 Re 关系，并给出回归的精度（相关系数 R）。对普通管和强化管的结果进行比较。

3. 测定不同条件下的总传热系数 K 值，并探讨其影响因素。

四、实验原理

1. 对流传热系数 α 和努塞尔数 Nu 的测定

在套管换热器中，环隙间通以水蒸气，内管管内通以空气，水蒸气冷凝放热以加热空气，在传热过程达到稳定后（整个过程中，以水蒸气为恒定热源）有如下公式

$$GC_p(t_2-t_1)=\alpha A \Delta t_m \tag{1}$$

式中，G——空气质量流量，kg/s；A——内管的换热面积，m^2（内管内径为 20mm，长度为 1m）；C_p——空气在定性温度（t_1 和 t_2 的算术平均值）下的平均比热容，J/(kg·℃)；t_1、t_2——空气进、出口温度，℃；Δt_m——平均温度差，℃；α——对流传热系数实验测定值，W/(m²·℃)。

若能测得被加热流体的 G、t_1、t_2，内管的换热面积 A 以及内管内壁的壁面温度 T，即可得到实验过程中对流传热系数 α 的实验测定值。

$$\alpha=GC_p(t_2-t_1)/(A\Delta t_m) \tag{2}$$

管道内外平均温差可按下式得到

$$\Delta t_m = T - \frac{t_1+t_2}{2} \tag{3}$$

努塞尔数 Nu 和雷诺数 Re 可通过式(4) 和式(5) 得到

$$Nu = \frac{\alpha d}{\lambda} \tag{4}$$

$$Re = \frac{du\rho}{\mu} \tag{5}$$

式中，Nu——努塞尔数；d——管道内径，m；λ——空气的热导率，W/(m·℃)；ρ——空气密度，kg/m³；u——空气在管道内的平均流速，m/s；Re——雷诺数；μ——空气黏度，Pa·s。

2. 空气流量的测量

本实验装置使用孔板流量计进行空气流量测量，空气质量流量计算公式为

$$G=0.65A_0\sqrt{2\rho\Delta p} \tag{6}$$

式中，A_0——孔板开孔面积，m^2（孔板开孔直径 20mm）；Δp——孔板压差，Pa。

3. 总传热系数 K 的测定

已知管内热负荷 Q，总传热方程 $Q=KA\Delta t_m$

$$K = \frac{Q}{A\Delta t_m} \tag{7}$$

式中，K——总传热系数的测定值，W/(m²·℃)；A——管道传热面积，m^2；Δt_m——平均温度差。

五、实验装置和流程

1. 传热实验装置流程见图 1。

2. 传热实验装置结构参数，见表 1。

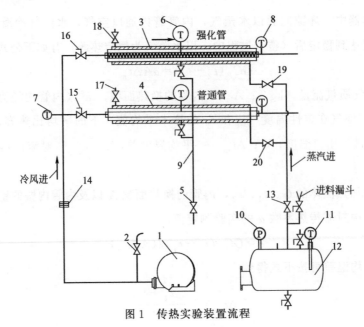

图 1　传热实验装置流程

1—550W 旋涡风机；2—调节阀；3—强化套管换热器；4—普通套管换热器；5—DN15 疏水阀；

6—壁面温度计；7—空气进口温度计；8—空气出口温度计；9—冷凝液排水管；10—0.25MPa

指针压力表；11—蒸汽温度计；12—蒸汽发生器；13—蒸汽调节阀；14—孔板流量计；

15—普通管冷风进口阀；16—强化管冷风进口阀；17—普通管蒸汽出口阀；

18—强化管蒸汽出口阀；19—强化管蒸汽进口阀；20—普通管蒸汽进口阀

表 1　传热实验装置结构参数

实验内管内径 d_i/mm		20.0
实验内管外径 d_o/mm		22.0
实验外管内径 D_i/mm		53.0
实验外管外径 D_o/mm		57.0
测量段(紫铜内管)长度 l/m		1.00
强化传热内管内插物(螺旋线圈)尺寸	丝径 h/mm	1
	节距 H/mm	40
蒸汽发生器	操作电压/V	≤200
	操作电流/A	≤10

3. 蒸汽发生器由不锈钢制成，最大加热功率为 3kW。其表面包有保温层。并装有液位计，正常液位要维持在蒸汽发生器体积 2/3 处。必要时加水，以免电热棒干烧（加水时需注意，若水位超过液位计指示时仍往蒸汽发生器内加水，液位计将无法显示液位）。

4. 风机为旋涡风机，输入功率为 550W，转速为 2800r/min，风量为 95m³/h。

5. 蒸汽压力用 0.25MPa 的压力表测量，风量用 D20 的孔板流量计测量，通过差压变送器将孔板流量计的压差显示在测量仪表上。

6. 温度仪表：本装置上配置一个 AI-518 温度控制仪表，一个 AI-702M 温度巡检仪和一个 AI-704M 温度巡检仪。AI-518 温度控制仪表用于控制蒸汽发生器温度，AI-702M 和 AI-704M 温度巡检仪可以直接显示所对应各点的温度。

7. 开关、指示灯：指示灯亮表示对应的工作正在运行，指示灯灭表示对应的工作停止。

六、实验操作要点

1. 实验前的准备

(1) 向蒸汽发生器加水至液位计 2/3 处。

(2) 检查各控制阀是否全部关闭。

(3) 打开电控箱电源开关，检查各仪表显示是否正常。

2. 实验开始

(1) 普通管换热实验

① 开启普通管蒸汽回路各阀（阀 13、17、20），开启普通管空气回路各阀（阀 2、15）。

② 打开加热开关，调节电流至 8～10A，使蒸汽发生器中水开始被加热。

③ 当普通管蒸汽出口阀 17 有大量蒸汽喷出时，开启旋涡风机 1，调节普通管冷风进口阀 15，使孔板压差稳定在一定数值。

④ 开启普通管冷凝水疏水阀，使换热过程中产生的冷凝水通过管路排出。

⑤ 当换热过程持续 5～10min，整个系统基本稳定后，记录普通管冷风进、出口温度，孔板压差，普通管内壁温度。

⑥ 调节普通管冷风进口阀 15，改变冷风流量，待系统稳定 5～10min，记录相应数据。分别取 5 组不同数据，用于最后计算对流传热系数 α 值。

(2) 强化管换热实验

① 开启强化管蒸汽回路各阀（阀 13、18、19），开启强化管空气回路各阀（阀 2、16）。

② 关闭普通管蒸汽进口阀 20，关闭普通管冷风进口阀 15。

③ 开启强化管冷凝水疏水阀，使换热过程中产生的冷凝水通过管路排出。

④ 调节强化管冷风进口阀 16，使孔板压差稳定在一定数值，观察强化管蒸汽出口阀 18，当有大量稳定蒸汽喷出时，开始计时 5～10min，整个系统基本稳定后，记录强化管冷风进、出口温度，孔板压差，强化管内壁温度。

⑤ 调节强化管冷风进口阀 16，改变冷风流量，待系统稳定 5～10min，记录相应数据。分别取 5 组不同数据，用于最后计算对流传热系数 α 值。

七、实验注意事项

1. 实验前要检查蒸汽发生器液位高度在 2/3 处。

2. 风机开启前，阀 2 处于全开状态，实验过程中根据需要的冷风流量进行相应的调节。

3. 实验过程中，要注意观察蒸汽发生器的压力，不应超过 0.15MPa，如压力过高，则需适当调小加热部件电流，防止安全事故的发生。

4. 实验过程中，由于冷风进口流量的变化，蒸汽的量也要相应进行调整，可通过蒸汽进口阀调节，在蒸汽进口阀全开的情况下，可通过调节加热部件电流来控制蒸汽的量。

5. 实验结束后，关闭加热电源，待蒸汽发生器中的蒸汽排尽。

6. 打开所有阀门，风机持续运行 10min，当系统温度降至 40℃以下时，关闭风机。

八、实验数据记录

根据普通换热管和强化换热管的传热系数测定过程，绘制两个相应的实验数据记录表。记录表应包含实验序号、孔板流量计压差、冷风进口温度、冷风出口温度、换热管内壁温度、冷风流量、平均温差以及传热系数等。

九、实验数据处理及结果分析讨论的要求

1. 根据测定和计算结果，在双对数坐标纸上画出 Nu 和 Re 的关系线，并写出其关联式（参考化工原理相关书籍）。
2. 指出实验过程控制步骤，提出强化传热的措施。
3. 计算总传热系数 K，并与实验测定的总传热系数值进行比较，两者有何差异，试分析原因。
4. 对实验数据和结果做误差分析，找出原因。

思考题

1. 在实验中如果空气和蒸汽的走向发生改变，将对传热效果产生怎样的影响？
2. 在蒸汽冷凝时，若存在不凝性气体，会对实验结果造成怎样的影响？
3. 本实验中测定的壁面温度接近于哪一侧流体的温度？为什么？
4. 在实验中怎样判断系统达到稳定状态？
5. 当空气流量增大时，蒸汽的冷凝量和传热量如何变化？
6. 影响管内对流传热系数的主要因素有哪些？是如何影响的？

附 录

为了方便数据处理，将空气的物性参数与定性温度的关系回归成以下多项式。多项式适用的温度范围为 $0\sim100℃$。

1. 空气密度（kg/m³）

$$\rho = 1.2916 - 0.0045t + 1.05828 \times 10^{-5}t^2$$

2. 空气比热容 [kJ/(kg·℃)]

$$C_p = 1.00492 - 2.88378 \times 10^{-5}t + 8.88638 \times 10^{-7}t^2 - 1.36051 \times 10^{-9}t^3 + 9.38989 \times 10^{-13}t^4 - 2.57422 \times 10^{-16}t^5$$

3. 空气黏度（Pa·s）

$$\mu = 1.71692 \times 10^{-5} + 4.96576 \times 10^{-8}t - 1.51515 \times 10^{-8}t^2$$

4. 空气热导率 [W/(m·℃)]

$$\lambda = 0.02437 + 7.8333 \times 10^{-5}t - 1.51515 \times 10^{-8}t^2$$

实验装置、实验数据记录表及项目式教学任务书请扫描下方二维码获取。

传热系数测定实验相关资源

实验 10　填料塔流体力学性能及传质系数测定实验

一、实验背景

填料塔是在塔内填充适当高度的填料，以增加两种流体之间的接触面积的典型化工单元操作设备。它可以使气液和液液两相之间密切接触，达到较好的相际传质及传热效果。填料塔结构简单，检修方便，广泛应用于蒸馏、吸收、解吸、萃取、洗涤、冷却等过程。

填料塔是最早应用于石油和化工领域的塔型之一。长期以来，它和板式塔构成了两类不同操作方式的气液传质或传热设备。

由于填料塔的特定结构和由之决定的塔内气液双膜接触方式，使之较板式塔有明显的优点：压降低、分离效率高、持液量小等。

二、实验目的

1. 了解填料吸收塔的结构、性能和特点，掌握填料塔操作方法；通过对实验测定数据的处理分析，加深对填料塔流体力学规律和填料塔传质理论的理解。

2. 掌握填料吸收塔传质性能和效率的测定方法。

三、实验任务

1. 测定在没有液体喷淋量和最大液体喷淋量两个条件下的填料层压强降与空塔气速的关系，确定在一定液体喷淋量下的液泛气速。

2. 固定液相流量和入塔混合气体二氧化碳的浓度，在液泛气速以下，取两个相差较大的气相流量，分别测量塔的传质性能（传质单元高度和体积传质总系数）和传质效率（传质单元数和回收率）。

3. 进行纯水吸收混合气体中的二氧化碳、用空气解吸水中二氧化碳的操作练习，同时测定填料塔液侧传质膜系数和总传质系数。

四、实验原理

1. 填料塔流体力学性能实验

吸收塔中填料的作用主要是提供气液两相的接触面，气体在通过填料层时，由于有局部阻力和摩擦阻力而产生压降。填料塔的流体力学性能是吸收设备的重要物理规律，包括压降和液泛规律。测定填料塔的流体力学性能是为了计算填料塔所需动力消耗和确定填料塔适宜的操作范围，选择适宜的气液负荷。

压降是塔设计中的重要参数，气体通过填料层压降的大小决定了塔的动力消耗。压降与气、液流量均有关。

不同液体喷淋量（L）下填料层的压降 Δp 与空塔气速 u 的关系如图1所示。

当液体喷淋量 $L_0=0$ 时，干填料的 $\Delta p \sim u$ 关系近似直线。当有一定的喷淋量时，$\Delta p \sim u$ 的关系近似折线，并存在两个转折点，下转折点称为"载点"，上转折点称为"泛点"。这两个转折点将 $\Delta p \sim u$ 关系分为三个区段：恒持液量区、载液区及液泛区。

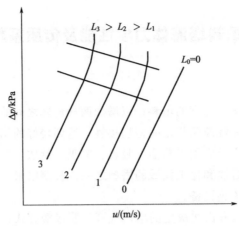

图 1 填料层的 $\Delta p \sim u$ 关系

2. 传质系数测定

传质系数是决定吸收过程速率高低的重要参数。对于相同的物系及一定的设备（填料类型与尺寸），填料塔总传质系数随着操作条件及气液接触状况的不同而变化。

由于 CO_2 气体无味、无毒、廉价，所以选择它作为气体吸收实验的溶质。本实验采用水吸收空气中的 CO_2。一般将原料气中的 CO_2 浓度控制在 10% 以内，最好不超过 8%，这样吸收计算可按低浓度气体来处理。另外，CO_2 在水中的溶解度很小，属于难溶气体。根据气液两相间传质双膜理论，难溶气体的吸收或解吸过程的传质阻力主要集中在液相，这时液相总传质系数 $K_x a$ 近似等于液相传质系数 $k_x a$，因此本实验中测定的是填料塔的液相传质系数 $K_x a$ 或液相总传质单元高度 H_{OL}。

对于低浓度单组分难溶气体的吸收过程其填料层高度计算式为

$$h_0 = H_{OL} N_{OL} = \frac{L}{K_x a} \frac{x_b - x_a}{\Delta x_m} \tag{1}$$

式中，h_0——填料层高度，m；L——通过单位塔截面的液体流率，$kmol/(m^2 \cdot s)$；x_a、x_b——塔顶和塔底液体中二氧化碳的摩尔分数；Δx_m——塔底液相总传质推动力与塔顶液相总传质推动力的对数平均值，摩尔分数；H_{OL}——液相总传质单元高度，m；N_{OL}——液相总传质单元数，无量纲；$K_x a$——液相总体积传质系数，$kmol/(m^3 \cdot s)$。

由式（1）得液相总传质系数 $K_x a$

$$K_x a = \frac{L}{h_0} \frac{x_b - x_a}{\Delta x_m} \tag{2}$$

$$\Delta x_m = \frac{\Delta x_b - \Delta x_a}{\ln \dfrac{\Delta x_b}{\Delta x_a}} \tag{3}$$

$$\Delta x_b = x_b^* - x_b \tag{4}$$

$$\Delta x_a = x_a^* - x_a \tag{5}$$

由于气液相平衡关系服从亨利定律

$$x_b^* = y_b / m \tag{6}$$

$$x_a^* = y_a / m \tag{7}$$

式中，m——相平衡常数，无量纲；y_b、y_a——塔底、塔顶气相组成，摩尔分数；x_b^*、x_a^*——与 y_b、y_a 呈相平衡的液相组成，摩尔分数。

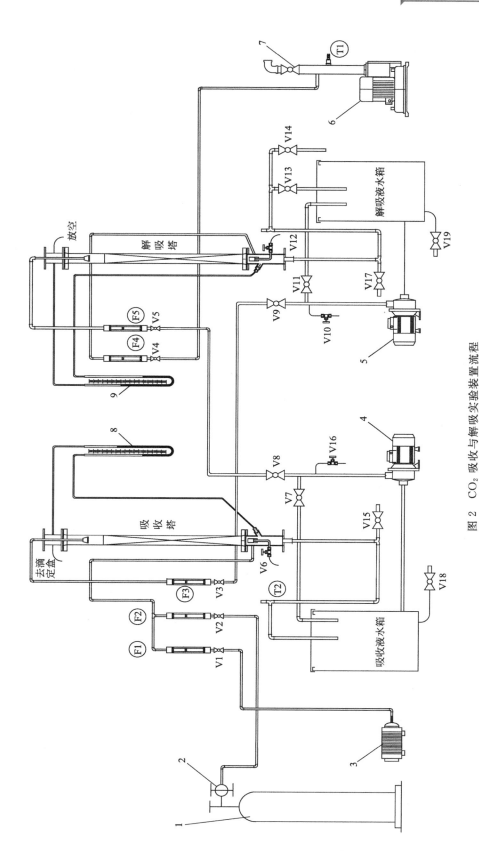

图2 CO₂吸收与解吸实验装置流程

1—CO₂钢瓶;2—CO₂钢瓶减压阀;3—吸收风机;4—解吸水泵;5—吸收水泵;6—解吸风机;7—空气旁通阀门;8,9—U形管压差计;F1—空气流量计;F2—CO₂流量计;F3—CO₂流量计;F4—解吸液体流量计;F5—解吸气体流量计;V1～V19—阀门;T1—解吸气体温度测量仪表;T2—吸收液体温度测量仪表

塔底原料气体组成 y_b 可以根据空气和二氧化碳通过转子流量计各自的体积流量，换算各自的摩尔流量，然后计算得到。

塔顶吸收尾气组成 y_a 可以根据在线滴定盒和湿式流量计分别测定同一样品气体二氧化碳物质的量和空气物质的量，通过计算得到。

塔底吸收液 x_b 由全塔物料衡算式(8)得到计算式(9)

$$G(y_b - y_a) = L(x_b - x_a) \tag{8}$$

$$x_b = G(y_b - y_a)/L + x_a \tag{9}$$

式中，G——通过单位塔截面的气体流率，$kmol/(m^2 \cdot s)$。

对于低浓度气体吸收过程，由气、液相体积流率计算得到摩尔流率 G、L，相平衡常数 m 可由本实验附录中的亨利系数 E 计算。这样，在稳定操作状况下，只要测得空气、水的流量及入塔、出塔液体的组成 x_b、x_a，再根据填料层高度（实验设备已经确定，或者通过尺子测量得到），就可以用式(2)计算得到液相总传质系数 $K_x a$。

值得注意的是：随着组成表示方式的不同，还有其他形式的液相总传质系数，具体可参照本实验方法进行对照测定和计算。

五、实验装置和流程

1. 实验装置流程见图 2。

2. 实验装置主要技术参数

填料塔：玻璃管内径 0.10m；塔高 1.00m；填料层高度 0.80m；内装 $\phi 10mm \times 10mm$，比表面积为 $180m^{-1}$ 的不锈钢鲍尔环。

风机：型号 XGB-12。

二氧化碳钢瓶 1 个，减压阀 1 个。

流量测量仪表：转子流量计，型号 LZB-6，流量范围 $0.06 \sim 0.60m^3/h$。

空气转子流量计：型号 LZB-10，流量范围 $0.25 \sim 2.5m^3/h$。型号 LZB-40，流量范围 $4 \sim 40m^3/h$。

水转子流量计：型号 LZB-15，流量范围 $40 \sim 400L/h$。

湿式气体流量计：型号 BSD-5，额定流量 $0.5m^3/h$，$5L/r$。

浓度测量：吸收塔塔顶气体浓度通过气体浓度滴定盒测量。

温度测量：Pt100 铂电阻，用于测定气相、液相温度。

3. 实验仪表面板见图 3。

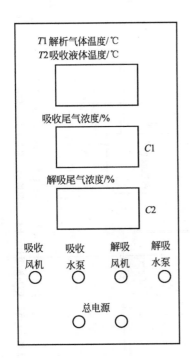

图 3　实验仪表面板

六、实验操作要点

1. 测量解吸塔干填料层 $\left(\dfrac{\Delta p}{h_0}\right)\sim u$ 关系曲线（干填料层压降曲线）

空气旁通阀门 7 至全开，关闭阀门 V4，启动解吸风机 6。打开解吸空气流量计 F4，逐渐关小阀门 7 的开度，调节进塔的空气流量。稳定后，读取填料层压降 Δp，即 U 形管压差计的数值。改变空气流量，读取多个解吸塔压降 Δp。空气流量要在 $4\sim40\text{m}^3/\text{h}$ 范围内均匀设定数据点，推荐以 $4\text{m}^3/\text{h}$ 为间隔取值，每次改变流量后至少需要稳定 4min。用尺子测定填料层高度 h_0。在对实验数据进行分析处理后，在坐标纸上以空塔气速 u 为横坐标，单位高度压降 $\dfrac{\Delta p}{h_0}$ 为纵坐标，作出干填料层 $\left(\dfrac{\Delta p}{h_0}\right)\sim u$ 关系曲线。

2. 测量吸收塔在一定喷淋量下填料层 $\left(\dfrac{\Delta p}{h_0}\right)\sim u$ 关系曲线（湿填料层压降曲线）

检查解吸泵和吸收泵出口的旁路阀门处于开启状态（在实验过程中，检查旁路流量阀门均处于开启状态），同步开启解吸塔的解吸泵和吸收塔的吸收泵，将两个进料转子流量计示数调整为最大数值，即 400L/h。采用与上述相同的步骤调节空气流量，稳定后分别读取并记录填料层压降 Δp、转子流量计读数和流量计处所显示的空气温度。操作中随时注意观察塔内现象，一旦出现液泛，立即记下对应空气转子流量计读数，用于根据实验数据最终在双对数坐标纸上标出液体喷淋量为 400L/h 时的 $\left(\dfrac{\Delta p}{h_0}\right)\sim u$ 关系曲线。认真观察液泛的发生过程，确定液泛气速。

3. 二氧化碳吸收传质系数测定

(1) 同时开启吸收泵和解吸泵，并将两泵出口流量调至相等。

(2) 打开吸收风机，并将进气流量调至适当数值。

(3) 进行二氧化碳进气。首先，确认减压阀门处于关闭状态（即减压阀门保持松开状态），逆时针拧开二氧化碳钢瓶顶部阀门。其次，确认设备左侧面板上的二氧化碳转子流量计下阀门处于关闭状态时，顺时针拧开减压阀，并将其压力调节至 $1.5\sim2\text{bar}$（$1\text{bar}=0.1\text{MPa}$）。最后，开启面板上二氧化碳阀门，将其调节至指定流量，并开始计时。实验过程要注意观察二氧化碳流量变化，若有变化，要及时调整至设定值。

(4) 滴定前准备。在实验装置左侧架上逆时针拧开滴定盒上方的两个塑料螺丝，取下滴定盒。用洗瓶往滴定盒里加入少量的水，振荡摇晃滴定盒，然后将洗液倒至实验室的废液回收瓶。重复清洗滴定盒 4 次以上，保证滴定盒干净。预先往滴定盒中装入稀氢氧化钠（浓度见瓶身标签）2mL，（此时滴定盒内应是无色，若变红，说明清洗不彻底，需要再次清洗，直至无色）。加入 1 滴酚酞作为指示剂，把滴定盒细口旋钮接入从填料层顶部延伸过来的取样管路中，滴定盒大口旋钮连接至湿式流量计。吸收塔顶部的气体经过三通分成两路，一路经过阀门排空，一路经过阀门通入滴定盒中。二氧化碳滴定盒示意图见图 4。

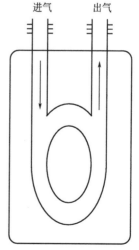

图 4 二氧化碳滴定盒示意图

（5）在线测定塔顶吸收尾气中的二氧化碳浓度。吸收进行 15min 且操作达到稳定状态后，开始在线测量塔顶尾气中二氧化碳的浓度。打开管路中的阀门，分析开始，被测气体通过吸收盒后，其中的二氧化碳被吸收，而空气则由湿式流量计计量所流过的体积。当吸收液由红变黄即到终点，立即关闭阀门，读取湿式流量计空气流量。

（6）改变喷淋密度或空气流量，进行同样的实验操作。

（7）实验完毕后，按照逆序逐步关闭二氧化碳阀门，停风机，停水，停电。清理现场，一切复原。

七、实验注意事项

1. 开启 CO_2 钢瓶总阀前，要先关闭减压阀。逆时针拧开二氧化碳钢瓶阀门，然后用减压阀将出口压力调制 1.5～2bar。

2. 实验仪表面板（图 3）上显示的吸收尾气浓度和解吸尾气浓度仅为参考数据，在实验过程中存在较大波动，仅可作为数据变动趋势的参考，并不能作为直接计算的依据。

3. 在上述实验中，需要对转子流量计进行流量标定，转子流量计的标定参见实验 4。

4. 在测定湿填料层压降实验中，要随时注意填料层顶部液体的返混情况，避免顶部液体喷淋出设备，造成安全事故。

5. 本实验原料气中二氧化碳的物质的量浓度不得高于 10%，最好不超过 8%，以便按照低浓度气体吸收进行计算处理。

6. 要深入了解湿式流量计工作原理，并注意湿式流量计内的水位不可过低。过低的话，需要及时补水。

7. 实验用水尽可能采用去离子水，以减少水中的酸离子。

8. 实验中需测定并记录大气压数据，以供校正空气流量时使用。

9. 要注意保持吸收液体流量计和解吸液体流量计数值一致，并随时关注水箱中的水位。

八、实验数据记录

自行绘制实验数据记录表，将所有实验数据整理在数据表中。记录表应该包含：吸收液的流量（转子流量计读数、温度）、空气和二氧化碳的流量（各自转子流量计读数、温度、压强、校正值）、滴定时湿式流量计参数（滴定前初始读数、滴定后读数、累计体积数、温度、压力、体积校正值）、中和 CO_2 的 NaOH 的浓度和体积、塔顶气体温度和压力、塔底液体温度和压力、塔顶塔底压差（通过 U 形管压差计测量）、吸收液温度对应的亨利常数、填料层高度、填料塔内径、大气压强等内容，还应包括入塔、出塔气体中二氧化碳浓度 y_b、y_a，出塔吸收液中二氧化碳浓度 x_b 等计算数值。表头还应该包括设备编号、实验序号、实验人员、实验时间、指导老师等实验信息。

九、实验数据处理及结果分析讨论的要求

1. 在同一坐标纸上以空塔气速 u 为横坐标，单位高度压降 $\dfrac{\Delta p}{h_0}$ 为纵坐标，作干填料层压降曲线和湿填料层压降曲线，确定液泛气速。对两条压降曲线进行对比，分析并解释压降曲线变化规律。

2. 进行二氧化碳气相总传质系数测定实验时，可以固定吸收气体流量而改变吸收液流量，或固定吸收液流量而改变吸收气体流量，开展对比实验。每个实验取2～3个变量即可，对实验结果进行分析讨论。

3. 在实验数据处理时，要以一组数据为例，说明数据处理的计算过程。

4. 采用Excel作图法将不同温度下二氧化碳在水中的亨利系数作成散点图，并进行适当的数据回归分析，得到一个经验公式。

 思考题

1. 在测定湿塔压降时，为什么解吸泵和吸收泵必须同时打开，并且保持相同流量数值？

2. 为什么开启CO_2钢瓶总阀前，要先关闭减压阀？

3. 当气体温度与吸收剂温度不同时，应按哪个温度计算亨利系数？

4. 逆流操作的吸收塔，若气体出口浓度大于规定值，试分析其原因并提出改进措施。

5. 综合几组实验数据看，用水吸收空气中二氧化碳的过程，是气膜控制还是液膜控制？为什么？

6. 要提高填料塔底吸收液中二氧化碳的浓度有什么办法（不改变进气浓度）？这时又会带来什么问题？

7. 测定吸收塔的传质系数和塔压降有何实际意义？

8. 在不改变进塔气体浓度的前提下，如何提高出塔二氧化碳的浓度？

附　录

二氧化碳在水中的亨利系数参见附表1。

附表1　二氧化碳在水中的亨利系数　　　　　　　单位：$\times 10^5\,kPa$

项目	温度/℃											
	0	5	10	15	20	25	30	35	40	45	50	60
CO_2在水中的亨利系数	0.738	0.888	1.05	1.24	1.44	1.66	1.88	2.12	2.36	2.60	2.87	3.46

关注本实验操作视频及项目式教学任务书请扫描下方二维码获取。

填料塔流体力学性能及传质系数测定实验相关资源

实验 11 筛板塔精馏实验

一、实验背景

精馏是一种工业中常见的分离液体混合物的单元操作，已经广泛应用于石油、化工、食品加工及其他领域。如从发酵液中分离饮用酒，在石油炼制中分离汽油、煤油、润滑油等系列产品，化学合成产物的分离，从有机废气的吸收液中回收溶剂，从萃取液中回收萃取剂等。筛板精馏塔是精馏操作中最为常见的设备。

二、实验目的

1. 了解筛板精馏塔的结构及精馏流程。
2. 熟悉筛板精馏塔及其他设备的操作方法。
3. 掌握精馏塔效率的测定方法。
4. 理解回流比、蒸汽速度等操作参数对精馏塔性能的影响。
5. 了解塔板上汽液两相传质、传热过程。

三、实验任务

1. 采用乙醇-水物系测定精馏塔全塔效率。
2. 通过实验确定回流比、进料热状态、进料组成等操作参数对精馏塔性能的影响。

四、实验原理

1. 全塔效率

在板式精馏塔中，塔板是汽、液两相的接触场所。混合液的蒸汽逐板上升，回流液逐板下降，汽液两相在塔板上接触，进行传质、传热，从而达到分离目的。如果在某层塔板上，蒸汽与回流液处于平衡状态，则该塔板称为理论板。然而在实际操作中，由于塔板上的汽、液两相接触时间有限及受到板间返混等因素影响，汽、液两相尚未达到平衡即离开塔板，一层实际塔板的分离效果达不到一层理论板的，因此精馏所需的实际板数比理论板数多。若实际板数为 N_P，理论板数为 N_T，则全塔效率 E_T

$$E_T = (N_T / N_P) \times 100\%$$

2. 操作因素对塔效率的影响

（1）回流比的影响　从塔顶回流入塔的液体量与塔顶产品量之比称为回流比。回流比是精馏操作的一个重要控制参数，回流比的大小影响精馏操作的分离效果与能耗。回流比可分为全回流、最小回流比和实际操作回流比。全回流是一种极限情况，此时精馏塔不加料也不出产品，塔顶冷凝液全部从塔顶回到塔内，这在生产上没有意义，但是这种操作容易达到稳定，故在装置开工和科学研究中常常采用。全回流时由于回流比为无穷大，在分离要求相同时比其他回流比所需理论板数要少，故称全回流时所需的理论板数为最少理论板数。通常用芬斯克方程计算最少理论板数。对于一定的分离要求，减少回流比，所需的理论板数增加，当减少到某一回流比时，需要无穷多个理论板才能达到分离要求，这一回流比称为最小回流

比 $R_{\min}$。最小回流比是操作的另一极限，因为实际上不可能安装无限多层塔板，因此亦不能选择 $R_{\min}$ 来操作。实际选择回流比 R 应为 $R_{\min}$ 的一个倍数，这个倍数根据经验取为 1.2～2。当体系分离要求、进料组成和状态确定后，可以根据平衡线形状作图求出最小回流比。在精馏塔正常操作时，如果回流装置出现故障，中断了回流，此时情况会发生明显变化，塔顶易挥发物质组成下降，塔釜易挥发物质组成随之上升，分离效果变差。

(2) 塔内蒸汽速度的影响　塔板上的汽、液流量是板效率的主要影响因素。在板式精馏塔内，液体与气体应错流接触，但当上升气（汽）速较小时，上升气量不够，部分液体会从塔板开孔处直接漏下，塔板上建立不了液层，使塔板上汽液两相不能充分接触；若上升气速太大，又会产生严重液沫夹带，甚至液泛，这样会使塔板效率下降，严重时精馏塔不能正常运行。

(3) 进料热状态的影响　进料热状态对精馏塔操作及分离效果有影响，进料热状态的不同直接影响塔内蒸汽速度。在精馏操作中应选择合适的进料热状态。

3. 精馏塔操作问题的解决方法

(1) 精馏过程物料不平衡引起不正常现象　当塔釜温度合格而塔顶温度逐渐升高，塔顶产品不合格时，说明塔顶产量太大。造成这种现象的原因可能是产量比例调节不当，或进料组成发生了变化，轻组分含量下降。若是产品采出比例不当，可减小塔顶出料量，加大塔釜出料量和进料量，待塔顶温度下降到规定值时，再调节操作参数，使过程物料达到平衡；若是进料组成变化了但变化不大，仍可用以上方法；若变化较大，应调整进料口位置。

当塔顶温度合格而塔釜温度下降，塔釜产品不合格时，一般原因是塔底产量太大，或进料轻组分含量升高。若是产品采出量的问题，可不改变回流量，加大塔顶采出量，同时相应调节加热蒸汽压强，也可减少进料量，待釜温正常后再调整操作条件；若是因进料组成发生变化而引起的，亦可用上述方法或对进料位置进行调整。

(2) 分离能力不够引起产品不合格　若塔顶温度升高，塔釜温度降低，塔顶、塔底产品均不符合要求时，一般可通过加大回流比来解决。加大回流比时应注意不要发生液沫夹带等不正常现象。

(3) 进料温度发生变化　进料温度发生变化主要影响蒸汽量，应及时调节釜底加热或塔顶冷凝器及回流比。

4. 全塔效率的测定方法

全塔效率一般可在全回流操作时来测定，即在全回流操作时，测定塔顶和塔釜产品的组成，再在 $x\sim y$ 图上用图解法求出完成此分离任务所需的理论板数，将所得理论板数与塔中实际板数相比，即得全回流状态下的全塔效率。

五、实验装置和流程

1. 实验装置

筛板精馏塔实验装置示意图见图1。塔内测温点分布见表1。

表 1　塔内测温点分布

项目	1	2	3	4	5	6	7	8	9	10	11
位置	塔釜	第2层板	第4层板（加料板）	第7层板（灵敏板）	第9层板	第11层板	第13层板	塔顶	塔顶样	原料样	塔釜样
代码	T1	T2	T3	T4	T5	T6	T7	T8	T9	T10	T11

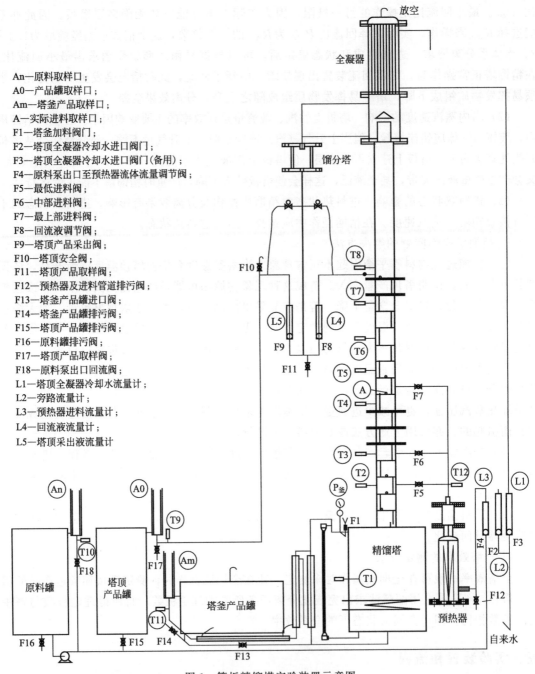

An—原料取样口；
A0—产品罐取样口；
Am—塔釜产品取样口；
A—实际进料取样口；
F1—塔釜加料阀门；
F2—塔顶全凝器冷却水进口阀门；
F3—塔顶全凝器冷却水进口阀门(备用)；
F4—原料泵出口至预热器流体流量调节阀；
F5—最低进料阀；
F6—中部进料阀；
F7—最上部进料阀；
F8—回流液调节阀；
F9—塔顶产品采出阀；
F10—塔顶安全阀；
F11—塔顶产品取样阀；
F12—预热器及进料管道排污阀；
F13—塔釜产品罐进口阀；
F14—塔釜产品罐排污阀；
F15—塔顶产品罐排污阀；
F16—原料罐排污阀；
F17—塔顶产品取样阀；
F18—原料泵出口回流阀；
L1—塔顶全凝器冷却水流量计；
L2—旁路流量计；
L3—预热器进料流量计；
L4—回流液流量计；
L5—塔顶采出液流量计

图 1 筛板精馏塔实验装置示意图

塔内三个玻璃视镜的位置分别在①第 5～6 层板，②第 6～7 层板，③第 14～15 层板。

2. 结构参数

塔内径 $D=68\text{mm}$，塔总高度 $H=3000\text{mm}$，塔内采用筛板及弓形降液管，共有 15 层板。一般用下进料管进料，提馏段为 4 层板，精馏段为 11 层板。板间距 $H_\text{T}=70\text{mm}$，板上筛孔孔径 $d=3\text{mm}$，筛孔数 $n=50$ 个，开孔率 9.73%。

塔顶为列管式冷凝器，冷却水走管外，蒸汽在管内冷凝。回流比由回流转子流量计与产品转子流量计数值决定。料液由泵从原料罐中经转子流量计计量后加入塔内。

控制说明：①塔釜液位力学自动控制；②回流比手动-自动控制。

3. 仪表参数

本实验所用仪表的参数见表2。

表 2　仪表参数表

名称	仪表型号	参数值
回流流量计	LZB-4	25～250mL/min
进料流量计	LZB-4	16～160mL/min
总加热功率	回形电加热，250mm	2×3＝6kW(1组可调)
产品流量计	LZB-3	2.5～25mL/min
冷却水流量计	LZB-10	25～250L/h,16～160L/h
压力表		0～6kPa
冷凝器	内管换热	0.296m²
加料泵	磁力循环泵	15W

4. 操作参数

$p_{\text{釜}}＝1.5～3.0\text{kPa}$。

六、实验操作要点

1. 操作步骤

(1) 熟悉精馏塔的结构及精馏流程，并了解设备各部分的作用。检查塔釜中的料液量是否适当。一般塔釜中料液必须浸没电加热器，液面保持在液面计的2/3左右。塔釜内料液为乙醇-水溶液，乙醇浓度约20%～30%（质量分数）。

(2) 关闭加料口和全部取样口，打开冷凝器顶部排气阀。全面检查装置无误后，开加热器加热升温。

(3) 待塔釜溶液沸腾，注意观察塔釜、塔顶的温度变化，当塔顶第一层塔板有上升蒸汽时关闭排气口，调好冷却水量在60～100L/h某一定值，用水量保持塔顶上升蒸汽全部冷凝即可。

(4) 在塔顶出现回流液（塔顶温度在78～80℃或灵敏板温度在80℃左右）后应小心控制加热器的电压、电流，维持塔顶、塔釜温度及塔釜压力稳定。

(5) 在全回流下操作达到完全稳定后，从塔顶、塔釜取样，取样时应用少量样品冲洗样品瓶一二次，取样后将瓶盖盖紧，避免样品挥发，将样品冷却到20℃，用酒度计测定乙醇的体积分数，从相关图表中查出相应浓度。

(6) 若进行部分回流操作，可预先选择好回流比和加料口，稳定操作后，塔顶、塔底同时取样分析。

(7) 实验完毕后，关闭加热器，切断电源，待釜温明显下降后，关闭冷凝器冷却水进口阀，恢复原状。

2. 样品浓度的分析

本实验物料为乙醇-水溶液，乙醇浓度分析采用阿贝折光仪测定。测定时，样品要冷却到一定温度范围内才能测量。

七、实验注意事项

1. 开启加热器加热之前，一定要关闭加料口和全部取样口，打开冷凝器顶部排气阀。

2. 实验结束后应该先关闭加热器，切断电源，待釜温明显下降后，再关闭冷凝器冷却水进口阀。

八、实验数据记录

根据以上实验操作过程，自行拟定实验数据记录表格。

九、实验数据处理及结果分析讨论的要求

1. 根据实验内容，设计数据记录表格。

2. 将塔顶及塔釜乙醇的折射率或者质量分数，换算成相应物质的量分数。

3. 由换算得到的乙醇组成 X_D、X_W，在 $x \sim y$ 图上用图解法求全回流时的理论板数 N_T。

4. 计算全回流条件下的全塔效率 E_T。

5. 作出全回流条件下塔顶温度随时间变化的曲线。

6. 作出全回流、稳定操作条件下，塔内温度和浓度沿着塔高分布的曲线。

7. 分析回流比对精馏过程的影响。

1. 什么是全回流？全回流在精馏塔操作中有何实际意义？

2. 增加塔板数，能否得到无水乙醇？为什么？

3. 如果提高塔釜加热器功率，精馏塔内从塔釜到塔顶温度和压力怎样变化？可能会出现哪种不正常现象？

4. 精馏塔塔板效率受哪些因素影响？

5. 在工程实际中何时采用全回流操作？

6. 进料热状态对精馏塔的操作有何影响？q 线方程如何确定？

7. 全回流条件下塔内温度沿着塔高如何分布，何以造成这样的温度分布？

8. 在全回流条件下，总板效率是否等于塔内某层塔板的单板效率？如何测量单板效率？

9. 在板式塔中，汽液两相之间的传质面积是固定不变的吗？

10. 评价塔板的性能指标是什么？

11. 定性分析液泛和哪些因素有关。

12. 为什么乙醇蒸馏采用常压操作，而不采用加压精馏和真空精馏？

13. 进料板的位置是否可以任意选择？它对分离效果有何影响？

附 录

乙醇-水溶液的特点：乙醇-水系统属于非理想溶液，具有较大正偏差，最低恒沸点为

78.15℃，恒沸组成为 0.894（乙醇摩尔分数）。因此：①普通精馏塔顶组成 $X_D < 0.894$，若要达到更高纯度需采用其他特殊精馏方法；②非理想体系，相对挥发度 α 不再为常数，平衡曲线不能用 $y = f(\alpha, x)$ 来描述，只能用原平衡数据。常压下乙醇-水溶液的汽、液平衡数据见附表 1。

附表 1 常压下乙醇-水溶液的汽、液平衡数据

液相乙醇摩尔分数/%	汽相乙醇摩尔分数/%	液相乙醇摩尔分数/%	汽相乙醇摩尔分数/%
0.0	0.0	45.0	63.5
1.0	11.0	50.0	65.7
2.0	17.5	55.0	67.8
4.0	27.3	60.0	69.8
6.0	34.0	65.0	72.5
8.0	39.2	70.0	75.5
10.0	43.0	75.0	78.5
14.0	48.2	80.0	82.0
18.0	51.3	85.0	85.5
20.0	52.5	89.4	89.4
25.0	55.1	90.0	89.8
30.0	57.5	95.0	94.2
35.0	59.5	100.0	100.0
40.0	61.4		

关注本实验装置介绍及项目或教学任务书请扫描下方二维码。

筛板塔精馏实验相关资源

实验 12　特殊精馏实验

一、实验背景

特殊精馏主要包括恒沸精馏、萃取精馏和反应精馏等。恒沸精馏，又称共沸精馏，是通过加入适当的夹带剂来改变被分离组分之间的汽液平衡关系，从而使分离由难变易的精馏过程。主要适用于含恒沸物且用普通精馏无法得到纯品的物系。通常，加入的夹带剂能与被分离系统中的一种或几种物质形成最低恒沸物，使夹带剂以恒沸物的形式从塔顶蒸出，而塔釜得到纯物质。

工程实践中采用恒沸精馏的案例有：甲苯为夹带剂分离苯酚和水、环己烷为夹带剂制取

无水乙醇、正己烷为夹带剂回收废水中的乙醇、丙酮为夹带剂分离正己烷和乙酸乙酯等。

二、实验目的

1. 通过制备无水乙醇巩固对恒沸精馏的理解。
2. 熟悉精馏塔的构造，掌握精馏操作方法。

三、实验任务

1. 进行乙醇-水-正己烷的间歇特殊精馏操作，作全塔物料衡算，推算塔顶三元恒沸物的组成。
2. 画出 25℃下，乙醇-水-正己烷三元物系溶解度曲线，标明恒沸物组成点，画出加料线，根据绘制的相图，对精馏过程作简要说明。
3. 计算乙醇的收率。

四、实验原理

在常压下，用常规精馏方法分离乙醇-水溶液，最高只能得到浓度为 95.57%（质量分数）的乙醇，这是乙醇与水形成恒沸物的缘故。该恒沸物是最低恒沸物，恒沸点为 78.15℃，与乙醇沸点 78.30℃十分接近。浓度为 95% 左右的乙醇常称为工业乙醇。

由工业乙醇制备无水乙醇，可采用恒沸精馏的方法。实验室中，恒沸精馏过程包括以下几个内容。

1. 夹带剂的选择

恒沸精馏成败的关键在于夹带剂的选择，一个理想的夹带剂应该满足如下要求。

（1）必须与原溶液中至少一个组分形成最低恒沸物，且此恒沸物比原溶液中的任一组分的沸点或原来的恒沸点低 10℃以上。

（2）在形成的恒沸物中，夹带剂的含量应尽可能少，以减少夹带剂的用量，节省能耗。

（3）回收容易。一方面，希望形成的最低恒沸物是非均相恒沸物，这样可以省去分离恒沸物所需要的萃取操作等；另一方面，在溶剂回收塔中，应该与其他组分有相当大的挥发度差异。

（4）具有较小的汽化潜热，以节省能量。

（5）价廉、来源广、无毒、热稳定性好与腐蚀性小等。

由工业乙醇制备无水乙醇，适用的夹带剂有苯、正己烷、环己烷、乙酸乙酯等。它们都能与水-乙醇形成恒沸物，而且其中的三元恒沸物在室温下又可以分为两相，一相中富含夹带剂，另一相中富含水，前者可以循环使用，后者又很容易分离出来，这样使整个分离过程大为简化。表 1 给出了几种常压下常用夹带剂及其与水、乙醇形成三元恒沸物的有关数据。

本实验采用正己烷为夹带剂制备无水乙醇。当正己烷被加入乙醇-水系统以后可以形成四种恒沸物，一是乙醇-水-正己烷三者形成一个三元恒沸物，二是它们两两之间又可形成三个二元恒沸物。它们的恒沸物性质如表 2 所示。

具有恒沸物的物系的精馏进程与普通精馏不同，表现在精馏产物不仅与塔的分离能力有关，而且与进塔总组成在哪个浓度区域有关。因为精馏塔中的温度沿塔向上逐层降低，不会出现极值点。只要塔的分离能力（回流比，塔板数）足够大，塔顶产物可为温度曲线的最低

表1 常压下常用夹带剂及其与水、乙醇形成三元恒沸物的有关数据

组分			各纯组分沸点/℃			恒沸温度 /℃	恒沸组成(质量分数)/%		
1	2	3	1	2	3		1	2	3
乙醇	水	苯	78.3	100	80.1	64.165	18.5	7.4	74.1
乙醇	水	乙酸乙酯	78.3	100	77.1	70.23	8.4	9.0	82.6
乙醇	水	三氯甲烷	78.3	100	61.1	55.50	4.0	3.5	92.5
乙醇	水	正己烷	78.3	100	68.7	56.00	11.98	3.0	85.02

表2 乙醇-水-正己烷三元系统恒沸物性质

物系	恒沸点/℃	恒沸组成(质量分数)/%			在恒沸点分相液的相态
		乙醇	水	正己烷	
乙醇-水	78.174	95.57	4.43		均相
水-正己烷	61.55		5.6	94.40	非均相
乙醇-正己烷	58.68	21.02		78.98	均相
乙醇-水-正己烷	56.00	11.98	3.00	85.02	非均相

点，塔底产物可为温度曲线上的最高点。因此，当温度曲线在全浓度范围内出现极值点时，该点将成为精馏路线通过的障碍。于是，精馏产物按混合液的总组成分区，称为精馏区。

当添加一定数量的正己烷于工业乙醇中蒸馏时，整个精馏过程原理可以用图1加以说明。

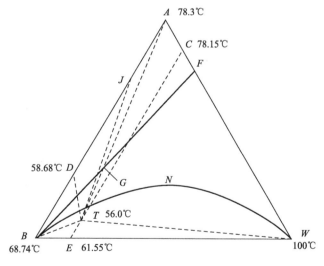

图1 恒沸精馏原理图

图中，A、B、W点分别表示乙醇、正己烷和水的纯物质，C、D、E点分别代表三个二元恒沸物，T点为A-B-W三元恒沸物。曲线BNW为三元混合物在25℃时的溶解度曲线。曲线以下为两相共存区，以上为均相区，该曲线受温度的影响而上下移动。图中的三元恒沸物组成点T室温下处在两相区内。

以T点为中心，连接三种纯物质A、B、W和三个二元恒沸组成点C、D、E，则该三

角形相图被分成六个小三角形。当塔顶混相回流（即回流液组成与塔顶上升蒸汽组成相同）时，如果原料液的组成落在某个小三角形区域内，那么间歇精馏只能得到这个小三角形三个顶点所代表的物质。因此，要想得到无水乙醇，就应保证原料液的总组成落在包含顶点 A 的小三角形内。但由于乙醇-水的二元恒沸点与乙醇沸点相差极小，仅 0.15℃，很难将两者分开，而己醇-正己烷的恒沸点与乙醇的沸点相差 19.62℃，很容易将它们分开，所以只能将原料液的总组成配制在三角形 ATD 内。

图中 F 代表乙醇-水混合物的组成，随着夹带剂正己烷的加入，原料液的总组成将沿着 FB 线而变化，并将与 AT 线相交于 G 点。这时，夹带剂的加入量称作理论恒沸剂用量，它是达到分离目的所需最少的夹带剂用量。如果塔有足够的分离能力，则间歇精馏时三元恒沸物从塔顶馏出（56℃），釜液组成就沿着 TA 线向 A 点移动。但实际操作时，往往使夹带剂过量，以保证塔釜脱水完全。这样，当塔顶三元恒沸物（在 T 点）馏出完全以后，馏出物沸点略高于它的二元恒沸物，最后塔釜得到无水乙醇，这就是间歇操作特有的效果。

倘若将塔顶三元恒沸物（图中 T 点，56℃）冷凝后分成两相，一相为油相，富含正己烷；一相为水相。利用分层器将油相回流，这样正己烷的用量可以低于理论夹带剂的用量。分相回流是实际生产中普遍采用的方法。它的突出优点是夹带剂用量少，夹带剂提纯的费用低。

2. 夹带剂的加入方式

夹带剂一般可随原料一起加入精馏塔中，若夹带剂的挥发度比较低，则应在加料板的上部加入，若夹带剂的挥发度比较高，则应在加料板的下部加入。目的是保证全塔各板上均有足够的夹带剂浓度。

3. 恒沸精馏操作方式

恒沸精馏既可以连续操作，又可以间歇操作。

4. 夹带剂用量的确定

夹带剂理论用量可利用三角形相图按物料平衡式计算。若原溶液的组成为 F 点，加入夹带剂（B 点）以后，物系的总组成将沿 FB 线向着 B 点方向移动。当物系的总组成移到 G 点时，恰好能将水以三元恒沸物的形式带出，以单位原料液 F 为基准，对水作物料衡算，得

$$DX_{D水} = FX_{F水}$$
$$D = FX_{F水} / X_{D水}$$

夹带剂的理论用量 B 为

$$B = DX_{DB}$$

式中，F——进料量；D——塔顶三元恒沸物量；B——夹带剂理论用量；X_{Fi}——原料中 i 组分的组成；X_{Di}——塔顶恒沸物中 i 组分的组成。

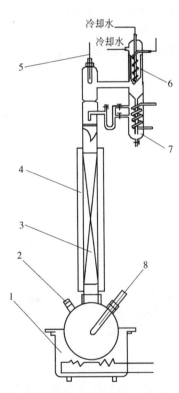

图 2　实验流程图

1—加热器；2—进料口；3—填料；

4—保温管；5—温度计；

6—冷凝器；7—油水

分离器；8—温度计

五、实验装置和流程

本实验流程图见图 2。

实验所用的精馏柱为内径 25mm 的玻璃塔，塔内装

有不锈钢填料,填料层高 1.4m。对塔身采用真空夹套保温。塔釜容积为 500mL,配有 500W 加热器,加热并控制釜温。经加热沸腾产生的蒸汽通过填料层到达塔顶。塔顶采用一特殊的冷凝器,以满足不同操作方式的需要,既可实现连续精馏操作,又可进行间歇精馏操作。塔顶冷凝液流入分相器后,分为两相,上层为油相富含正己烷,下层为富水层。油相通过溢流口,作为回流液返回塔内,用流量计控制回流量。

六、实验操作要点

1. 称取 500g 95%(质量分数)的乙醇(以色谱分析数据为准),按夹带剂的理论用量算出正己烷的加入量,配制原料。

2. 将配制好的原料加入塔釜中,开启塔釜加热器电源及塔顶冷却水。

3. 当塔顶有冷凝液时,注意调节回流量,实验过程采用油相回流。

4. 每隔 10min 记录一次塔顶、塔釜温度,每隔 20min 取一次塔釜液相样品,分析其组成。当塔釜温度升到 80℃时,若釜液纯度达 99.5% 以上即可停止实验。

5. 取出分相器中的富水层,称重并进行分析,然后再取富含正己烷的油相分析其组成。称出塔釜产品的质量。

6. 切断电源,停冷却水,结束实验。

7. 实验中各取样点的组成均采用气相色谱分析。

七、实验注意事项

注意操作过程中的水电安全,注意避免烫伤。

八、实验数据记录

设计原始数据表格,及时记录塔顶、塔釜温度、回流量、富水层质量等数据。

九、实验数据处理及结果分析讨论的要求

1. 作间歇操作的全塔物料衡算,推算出塔顶三元恒沸物的组成。

2. 画出 25℃下,水-乙醇-正己烷三元物系溶解度曲线,标明恒沸物组成点,画出加料线,根据所绘制的相图,对精馏过程作简要说明。水-乙醇-正己烷 25℃液-液平衡数据见本实验附表 1。

3. 计算本实验过程的乙醇收率,讨论其影响因素。

4. 将计算出的三元恒沸物组成与文献值比较,求出其相对误差,并分析实验过程产生误差的原因。

 思考题

1. 恒沸精馏过程最好形成最低沸点恒沸物还是最高沸点恒沸物?

2. 共沸物组成与压力有关吗?

3. 理论上能否通过减压精馏得到无水酒精?或通过改变压力能使恒沸点消失吗?

附　录

附表 1　水-乙醇-正己烷 25℃ 液-液平衡数据

水相（摩尔分数）/%			油相（摩尔分数）/%		
水	乙醇	正己烷	水	乙醇	正己烷
69.423	30.111	0.466	0.473	1.297	98.230
40.227	56.157	3.616	0.921	6.482	92.597
26.643	64.612	8.745	1.336	12.540	86.124
19.803	65.678	14.519	2.539	20.515	76.946
15.284	61.759	22.957	3.959	30.339	65.702
12.879	58.444	28.677	4.939	35.808	59.253
11.732	56.258	32.010	5.908	38.983	55.109
11.271	55.091	33.638	6.529	40.849	52.622

关注本实验装置介绍视频请扫描下方二维码。

特殊精馏实验相关资源

实验 13　液-液萃取实验

一、实验背景

　　液-液萃取是利用液体混合物中各组分对某一溶剂的溶解度存在一定的差异来分离液体混合物的过程。液-液萃取过程实质上并没有直接完成分离任务，而是将一种难以分离的混合物转变为两个易于分离的混合物。因此，萃取过程在经济上是否具有优越性还取决于后继的两个混合物的分离过程是否较原液体混合物直接分离更容易实现。

　　液-液萃取主要应用于化工、石油、食品、制药、稀有元素、原子能等工业领域。主要应用案例有：以苯为溶剂从煤焦油中分离酚，以异丙醚为溶剂从稀乙酸溶液中回收乙酸等。

二、实验目的

　　1. 了解液-液填料萃取塔的结构和特点。
　　2. 掌握填料萃取塔的操作方法。
　　3. 观察填料萃取塔内两相流动现象。

三、实验任务

1. 查阅手册绘制用水萃取苯甲酸-煤油混合液的 Y_E-X_R 图上平衡时的分配曲线,根据实验数据在同一图上绘制萃取操作线。

2. 测定并计算按萃取相计算的体积总传质系数。

四、实验原理

1. 液-液萃取的特点

液-液萃取与精馏、吸收均属于相际传质单元操作,它们之间有不少相似之处,但也有相当大的差别。在液-液萃取过程中,两个液相的密度差小,而黏度和界面张力较大,两相的混合与分开比气-液传质过程(如吸收、精馏等)困难得多。为了使萃取过程进行得比较充分,应增大相界面积。常用的工业萃取设备中,一相总是以液滴形式分散在另一相中。同时,为了促进两相的传质,常常要借用外力,将一相强制分散于另一相中,如搅拌、脉动、振动等。为使两相完全分开,萃取设备通常都设有相分离段,以保证有足够的停留时间让分散的液相凝聚,实现两相分开。

由于液-液萃取过程的多样性,形成了多种多样的萃取设备。目前用于液-液萃取的设备主要可分为混合澄清萃取器、塔及柱式萃取设备和离心萃取器三大类,它们各自有不同的特点,适用于不同的场合。在这些萃取设备中,应用最为广泛的是塔式萃取设备,本实验中所用的就是塔式萃取设备中的一种,下面以塔式萃取设备(萃取塔)为例说明萃取过程。

2. 萃取原理与操作要点

(1) 分散相的选择 在萃取中,为了使两相密切接触,其中一相充满设备中的主要空间,并呈连续流动,称为连续相;另一相以液滴形式分散在连续相中,称为分散相。哪一种液体作为分散相对设备的操作性能、传质效果有显著影响。分散相的选择可根据以下原则或用实验确定。

① 为了增加相际接触面积,一般将流量大的相作为分散相;但如果两相流量相差很大,并且所选用的萃取设备具有较大的轴向混合现象,应将流量小的一相作为分散相,以减小轴向混合。

② 应充分考虑界面张力对传质面积的影响。对于界面张力随溶质浓度增加而增加的系统,当溶质从液滴向连续相传递时,液滴的稳定性较差,容易破碎,而液膜的稳定性较好,液滴不易合并,所以形成的液滴平均直径较小,相际接触面积较大;当溶质从连续相向液滴传递时,情况刚好相反。在设计液-液传质设备时,根据系统性质正确选择分散相可获得较大的相际传质面积,强化传质过程。

(2) 液滴的分散 为了使一相作为分散相,必须将其分散为液滴的形式。液滴必须有一个合适的大小,液滴的大小关系相际接触面积、传质系数和塔的流通量大小。较小的液滴,相际接触面积较大,有利于传质;但液滴过小,其内循环消失,液滴的行为趋于固体球,传质系数也不会高,对传质不利。所以,液滴对传质的影响必须从这两方面考虑。此外,萃取塔内连续相所允许的极限速度(泛点速度)与液滴的运动速度有关,而液滴的运动速度与液滴的尺寸有关,一般较大的液滴泛点速度较高,这使萃取塔允许有较大的流通量;相反,较小的液滴泛点速度较低,萃取塔允许的流通量也较低。

液滴的分散可以通过以下几个途径实现。

① 借助喷嘴或孔板，如喷洒塔和筛板塔。

② 借助塔内的填料，如填料塔。

③ 借助外加能量，如转盘塔、振动塔、脉动塔、离心萃取器等。液滴的尺寸除与物性有关外，主要取决于外加能量的大小。

(3) 萃取塔 萃取塔在开车时，应首先使连续相充满全塔，然后引入分散相。分散相必须经凝聚后才能自塔内排出，故当轻相作为分散相时，应使其不断在塔顶的分层段凝聚，当两相界面维持适当高度后，再开启分散相出口阀门，并依靠重相出口的Ⅱ形管自动调节界面高度。当重相作为分散相时，则分散相不断在塔底的分层段凝聚，两相界面应维持在塔底分层段的某一位置上。

3. 外加能量的问题

液-液传质设备引入外界能量能促进液体分散，改善两相流动条件，这些均有利于传质，从而提高萃取效率，降低萃取过程的传质单元高度，但过度引入外加能量将大大增加设备内的轴向混合，减小过程的推动力。此外，过度分散的液滴的内循环将消失。这些均是外加能量带来的不利影响。权衡利弊，外加能量应适度，一般通过实验找出合适的能量输入量。

4. 液泛

在连续逆流萃取操作中，萃取塔的通量（又称负荷）取决于连续相允许的线速度，其上限为最小的分散相液滴处于相对静止状态时的连续相流率。这时塔内恰好处于液泛状态，这时的连续相速度即为液泛速度。在实验操作中，连续相的流速应在液泛速度以下。为此需要有可靠的液泛数据，在中试设备中一般用实际物料测得。

本实验中苯甲酸为溶质，煤油为溶剂，水为萃取剂，即采用水为萃取剂萃取原来溶解在煤油中的苯甲酸，以实现煤油与苯甲酸的分离。萃取剂的初始状态中不含苯甲酸，萃取过程完成后，由于苯甲酸从油相转移进入了水相，从而使得萃取剂的pH值下降，因此可用pH值的大小来衡量萃取的效果。萃取液的pH值越小，萃取效果越好。

五、实验装置和流程

本实验装置是通过向填料萃取塔断续通入空气或连续通入空气来强化传质。整套装置结构简单、布置紧凑、操作方便、在可测范围内且操作稳定。

1. 实验装置主要技术参数

(1) 萃取塔的几何尺寸 填料段直径：50mm；填料段高度：600mm；填料种类：θ环丝网填料；上、下扩大段直径：100mm；上、下扩大段长度：500mm；塔体总高：1800mm。

(2) 水泵、油泵 CQ型磁力驱动泵，型号：16CQ-8；电压：380V；功率：180W；扬程：8m；吸程：3m；流量：30L/min；转速：2800r/min。

(3) 转子流量计 采用不锈钢材质，型号：LZB-6；流量：0.025～0.25m³/h；精度：1.5级；型号：LZB-6；流量：1～10L/h；精度：1.5级。

(4) 频率调节仪 通断时间 (1:99)～(99:1)。

2. 实验流程示意图

填料萃取流程如图1所示。

填料萃取塔由三部分组成：上澄清段、填料萃取段、下澄清段。塔体采用玻璃制造。萃

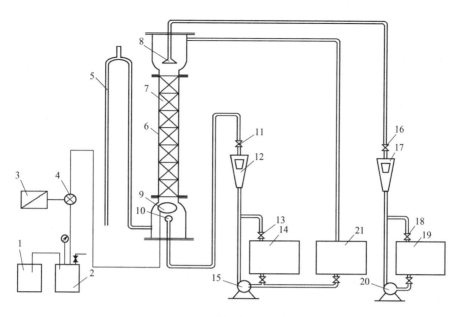

图 1 填料萃取流程

1—压缩机；2—稳压罐；3—脉冲频率调节仪；4—电磁阀；5—Ⅱ形管；6—玻璃萃取塔；
7—填料；8—进水分布器；9—脉冲气体分布器；10—煤油分布器；11—煤油流量调节阀；
12—煤油流量计；13—煤油泵旁路阀；14—煤油储槽；15—煤油泵；16—水流量调节阀；
17—水流量计；18—水泵旁路调节阀；19—水储槽；20—水泵；21—出口煤油储槽

取段内径 ϕ50mm，装有 θ 环丝网填料。空气通入方式有两种：一种是连续通入，用流量计来调节气速；另一种是采用脉冲方式断续通入，用脉冲频率调节仪和电磁阀来调节气速，脉冲频率范围为 0.01～0.99 次/秒。

本实验以水为萃取剂，从煤油中萃取苯甲酸。水相为萃取相（用字母 E 表示，本实验又称之为连续相、重相）。煤油相为萃余相（用字母 R 表示，本实验中又称之为分散相、轻相）。在轻相入口处，苯甲酸在煤油中的浓度应保持在 0.0015～0.0020kg 苯甲酸/kg 煤油为宜。轻相由塔底进入，作为分散相向上流动，经塔顶上澄清段分离后由塔顶流出；重相由塔顶进入，作为连续相向下流动至塔底，经 Ⅱ 形管流出。轻重两相在塔内呈逆向流动。在萃取过程中，部分苯甲酸从萃余相转移至萃取相。萃取相及萃余相进出口浓度由滴定分析法测定。考虑水与煤油是完全不互溶的，且苯甲酸在两相中的浓度都很低，可认为在萃取过程中两相液体的体积流量不发生变化。

六、实验操作要点

1. 向水储槽 19 内加满水，向煤油储槽 14 内加满配制好的苯甲酸煤油混合液（苯甲酸在煤油中的质量分数要小于 0.2%），分别启动水相和煤油相泵，将两相回流阀打开，使其循环流动。

2. 全开水转子流量计调节阀，将重相（连续相）送入塔内。当塔内水面升至重相入口与轻相出口之间位置时，调节水流量至指定值。之后缓慢改变 Ⅱ 形管高度，使塔内液位稳定在重相入口与轻相出口之间的某个位置上。

3. 将轻相（分散相）流量调至指定值，并注意及时调节 Ⅱ 形管高度。在实验过程中，始终保持塔顶分离段两相界面位于重相入口与轻相出口之间。

4. 操作过程中，要绝对避免塔顶的两相界面过高或过低。若两相界面过高，到达轻相出口，将会导致重相混入轻相贮罐。

5. 操作稳定约 30min 后用锥形瓶收集轻相进、出口样品各约 50mL，重相出口样品约 100mL，用来分析浓度。

6. 取样后，即可进行脉冲或连续通气的实验。

保持油相和水相流量不变，启动脉冲频率调节仪，将脉冲频率和脉冲压力调到一定数值，进行脉冲条件下的测试。脉冲压力可通过压缩机出口处的减压阀及脉冲气体支路上的针形阀来调节，一般控制在 0.05MPa 左右。脉冲频率一般调节为 (1∶3)～(1∶9)（即通气时间为 1s，不通气时间为 3～9s）即可。

在进行连续通气实验时，保持油相和水相流量不变，关闭脉冲频率调节仪开关，打开气体流量计，调节并保持在一定流量下进行实验，应将两相界面位置控制在重相入口位置之下，可以减少气体夹带水的量。

操作稳定 30min 后，即可取样分析轻、重两相中苯甲酸的浓度。

7. 用滴定分析法测定各样品浓度。用移液管分别量取煤油相样品 10mL，水相样品 25mL，以酚酞做指示剂，用 0.01mol/L 左右的 NaOH 标准液滴定。在滴定煤油相样品时要加入 10mL 纯净水，并激烈摇动直至滴定终点。

8. 实验完毕后，关闭两液相流量计及气体流量计，切断电源。滴定分析过的煤油应集中存放回收。洗净分析仪器，将一切复原，保持实验台面的整洁。

七、实验注意事项

1. 实验前必须清楚萃取装置上每个设备、部件、阀门、开关的作用和使用方法，熟悉萃取原理和流程，然后再开始实验操作。

2. 由于分散相和连续相在塔顶、塔底滞留量很大，改变操作条件后，稳定时间一定要足够长，大约要 30min，否则会产生极大误差。

3. 煤油的实际体积流量并不等于流量计的读数，用流量修正公式对流量计读数修正后的值才是煤油的实际流量值。

4. 空气通入方式采用两种方法，脉冲通入空气时，要关闭空气流量计的流量调节阀；连续通入空气时，要关闭脉冲频率调节仪的开关。

5. 脉冲压力要控制适当（0.05MPa 左右）。如果压力过大，塔内液体容易从 Ⅱ 形管喷出。脉冲频率一般调节为 1∶8 即可。

6. 空气流量范围一般控制在 0.025～0.25m³/h，气体流量越大，夹带水现象越严重。

7. 在进行实验时，煤油流量不要太小或太大，太小会使煤油出口的苯甲酸浓度过低，从而导致分析误差加大；太大会使煤油消耗量过大，造成浪费。建议水流量控制在 4L/h 左右，煤油流量控制在 6L/h 左右。

8. 完成实验后，一定要关闭水、油两相流量计的流量调节阀；并用 Ⅱ 形管把塔内液位调节在水相入口下方，以避免萃取塔内的油倒流回水槽中。

八、实验数据记录

自行绘制萃取实验性能测定数据记录表，包括装置编号、塔型、塔内径、填料层高度、填料种类、塔内平均温度、重相浓度、轻相浓度、转子密度、频率调节、水转子流量计读数、煤油转子流量计读数、校正得到的煤油实际流量、空气转子流量计读数等内容。

九、实验数据处理及结果分析讨论的要求

1. 用数据表列出实验的全部数据，并以某一组数据为例进行计算举例。

2. 对实验结果进行分析讨论。对不同转速下塔顶轻相浓度、塔底重相浓度等数值进行比较，并加以讨论。

3. 用本实验的数据求取理论级当量高度。

思考题

1. 在萃取过程中选择连续相及分散相的原则是什么？

2. 本实验为什么不宜用水作为分散相，倘若用水作为分散相，操作步骤是什么？两相分层分离段应设在塔顶还是塔底？

3. 萃取塔进料口的Π形管的作用是什么？

4. 对于一种液体混合物，根据哪些因素决定是采用蒸馏还是萃取方法进行分离？

5. 操作温度对萃取分离效果有何影响？如何选择萃取操作的温度？

6. 当萃余液浓度一定时，溶质的分配系数对所需的萃取剂量有何影响？

7. 增大溶剂比对萃取分离效果有何影响？

8. 给出强化萃取塔传质过程的设计方法。

9. 影响萃取塔传质效果的主要因素是什么？

10. 液-液萃取设备与气-液传质设备有何区别？

11. 什么是萃取塔的液泛？在操作中如何确定液泛速度？

萃取塔性能测定数据参考表及萃取计算过程示例请扫描下方二维码获取。

液-液萃取实验相关资源

实验 14　流化床干燥实验

一、实验背景

流化床干燥是固体流态化技术在干燥上的应用，是比较适合工业上规模化需求的干燥方

法。流态化干燥有两个典型特点：一是由于颗粒分散并作不规则运动，造成了气-固两相的良好接触，能够避免局部过热；二是颗粒在流化床内的平均停留时间便于调节，特别适用于去除需时较长的结合水分。

流化状态下，气-固两相间接触面积大，传热、传质速率高。与气流干燥相比，流化床干燥器内物料停留时间长，而且可任意调节，产品的最终含水量可降至很低；操作时热空气的流速较低，物料磨损小，废气中粉尘含量少，容易收集。流化床干燥器结构简单、造价低、活动部件少、操作维修方便、操作费用小，在工业上应用广泛。

二、实验目的

1. 了解流化床干燥器的结构和操作方法。
2. 了解流化床干燥过程中湿物料的干燥过程及含水量测定方法。

三、实验任务

1. 观察流化床干燥过程中的物料颜色和流化状态。
2. 测定流化床干燥的干燥曲线和干燥速率曲线。
3. 测定流化床干燥过程的临界点和临界含水量。

四、实验原理

流化床干燥属于对流干燥，其干燥原理如下。

干燥介质将热量通过气膜传给物料表面，再由物料表面传给物料内部。物料表面的湿分获得了热量汽化，通过气膜向干燥介质气流主体扩散；与此同时造成物料内部和表面湿分浓度差，使得物料内部湿分向表面扩散。湿分由内部向表面扩散与表面获得热量汽化是同时进行的，但是速率不同，因此可能出现表面汽化控制和内部扩散控制两种情况。

当干燥过程物料表面湿分汽化速率小于物料由内部向表面扩散的速率时，物料表面保持湿润，干燥速率受表面汽化速率控制，称为表面汽化控制阶段。

随着干燥过程的进行，物料内部湿分向表面扩散的速率会小于表面湿分汽化速率，造成蒸发面向内部移动，使得传质、传热阻力增大，干燥速率下降，在干燥速率曲线上出现降速阶段。此时称为内部扩散控制阶段。

若将湿物料置于一定的干燥条件下，例如一定的温度、湿度和流速的空气中，测定其质量和温度随时间的变化关系，可得一曲线，即物料含水量-时间曲线。由该曲线可见，干燥过程分为三个阶段：①物料预热阶段；②恒速干燥阶段；③降速干燥阶段。

干燥速率受到干燥介质的温度、湿度、流动状态、物料的性质与尺寸、物料与介质的接触方式等多种因素的影响，这些因素均保持相对恒定，则物料的含水量将只随时间的增加而降低，据此可得到反映物料含水量与干燥时间关系的干燥曲线。反映干燥速率或干燥速率与物料含水量关系的干燥速率曲线，只能通过实验测得，因为干燥速率不仅取决于空气的性质和操作条件，还取决于物料性质结构以及所含水分的性质。

干燥速率 U 为单位时间在单位干燥面积上汽化的水分质量 $m(H_2O)$，单位为 $kg/(m^2 \cdot s)$，可根据下式得到。

$$U = \frac{m(H_2O)}{A\tau} \tag{1}$$

式中，U——干燥速率 $kg/(m^2 \cdot s)$；A——干燥面积，m^2；τ——干燥时间，s；$m(H_2O)$——

汽化水分量，kg。

物料的平均含水量为

$$X^* = \left[\frac{X_i + X_{i+1}}{2}\right] = \left[\frac{m_{湿i} + m_{湿(i+1)}}{2m_干}\right] - 1 \tag{2}$$

式中，X^*——某干燥速率下物料的平均含水量，kg；$m_{湿i}$、$m_{湿(i+1)}$——$\Delta\tau$ 时间间隔内开始和结束时湿物料质量，kg；$m_干$——湿物料中绝干物料的质量，kg。

1. 传质系数的求取

（1）恒速干燥阶段　恒速干燥阶段的干燥速率 U 仅由外部干燥条件决定，物料表面温度等于空气湿球温度 t_w。在恒定的干燥条件下，物料表面与空气之间的传热和传质速率可用下式表示

$$\frac{dQ}{A\,d\tau} = \alpha(t - t_w) \tag{3}$$

$$\frac{dm(H_2O)}{A\,d\tau} = K_H(H_w - H) \tag{4}$$

式中，Q——空气传给物料的热量，kJ；τ——干燥时间，s；A——干燥面积，m^2；α——空气至物料表面的传热膜系数；t——空气温度，K；t_w——湿物料表面温度（即空气的湿球温度），K；$m(H_2O)$——由物料汽化至空气的水分量，kg；K_H——以湿度差 ΔH 为推动力的传质系数，$kg/(m^2 \cdot s)$；H——空气的湿度，kg 水/kg 干气。

（2）降速干燥阶段　降速干燥阶段干燥速率曲线的形状随物料内部结构以及所含水分性质不同而不同，因而只能通过实验得到。降速干燥阶段的时间可以根据速率曲线数据求得。当降速干燥阶段的干燥速率近似看作与物料的自由水量 $X - X^*$ 成正比时，干燥速率曲线可简化为直线，则

$$U = K_X(X - X^*) \tag{5}$$

$$K_X = U/(X - X^*) \tag{6}$$

式中，K_X——以含水量差 ΔX 为推动力的比例系数，$kg/(m^2 \cdot s)$；U——物料含水量为 X 时的干燥速率，$kg/(m^2 \cdot s)$；X——在 τ 时刻的物料含水量，kg/kg 干料；X^*——物料的平衡含水量，kg/kg 干料。

2. 流量的测定

空气质量流量用下式计算

$$q_m = 0.65 A_0 \sqrt{2\rho\Delta p} \tag{7}$$

式中，q_m——空气质量流量，kg/s；A_0——孔板开孔面积，m^2（孔板开孔直径 20mm）；ρ——空气密度，kg/m^3；Δp——孔板压差，Pa。

五、实验装置和流程

1. 流化床干燥实验装置流程如图 1 所示。

2. 该实验装置主要由风机、加热器、流化床体、取样器、加料斗、旋风分离器、孔板流量计、不锈钢框架等组成。

3. 风机为 HG-750 型；功率为 750W；风压为 14kPa；风量为 $75m^3/min$。

4. 流化干燥器由不锈钢段和高温硬质玻璃段组成。不锈钢段筒体上设有物料取样器、卸料口、测压点等，分别用于取样、卸料和测压。床身顶部气固分离段设有加料斗、测压点，分别用于物料加料和测压。

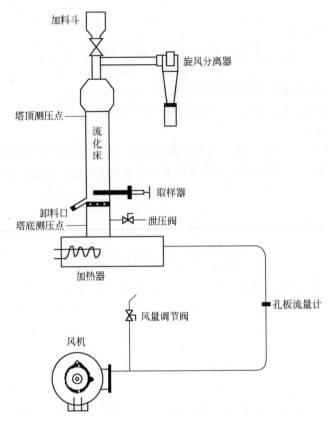

加料斗

旋风分离器

塔顶测压点

流化床

取样器

卸料口
塔底测压点

泄压阀

加热器

孔板流量计

风量调节阀

风机

图1　流化床干燥实验装置流程

5. 空气加热装置由加热器和控制器组成。加热器为不锈钢盘管式加热器，加热管外壁设有 Pt100 热电偶，它与人工智能仪表、固态调压器等组合，实现空气介质的温度控制。

6. 在电控箱上装有智能温度仪表，测量固体物料进、出口温度。

六、实验操作要点

1. 准备一定量的被干燥物料（以颗粒状变色硅胶为例，约 1kg），放入水中泡数分钟，取出，沥干表面水分，用快速水分测定仪测定其湿基含水量 ω_1。

2. 将准备好的湿物料从流化床顶部的加料斗加入，并准备好出料接收瓶。

3. 打开电源开关，按下风机开关，将风量由小到大调节，观察床层的状态变化情况。

4. 将空气加热温度设定为 80℃，将风量调节到实验所需流量（床层处于流化状态），打开泄压阀，打开加热开关，调节电流的大小，空气流经加热器进行加热。

5. 当空气温度达到设定温度 80℃并稳定以后，关闭泄压阀，热空气从干燥器底部进入，经分布板，将干燥器内固体颗粒层流化并进行干燥。废气流经旋风分离器后排出。

6. 测定干燥速率曲线

（1）取样：每隔 5～10min 在取样口取样一次，取出的样品放入小器皿中，并记上编号和取样时间，待分析用。当变色硅胶变成红色时停止实验，关闭加热器和风机的开关。

（2）记录数据：在每次取样的同时，要记录床层温度、空气流量、床层压降、取样时间间隔。

（3）用快速水分测定仪测定每组样品的含水量，并做好记录。

（4）根据实验数据计算并画出干燥速率曲线。

7. 测定流化曲线。将风量调节阀开至最大，待数分钟后，调节风量调节阀开度（关小），每次改变开度（改变风速）时，记录相应的床层压降和空气流量，直至阀门关闭，记录6～10组数据。

8. 干燥完毕的干物料可在流化状态下，由分布板上方的卸料口流出。

七、实验注意事项

1. 在接通电源之前，必须先打开位于旁路位置的风量调节阀。然后接通风机、空气加热器和控温仪的电源，通过风量调节阀缓慢调节主管道内的风量，使得流化床内湿物料呈流化状态。通过温控仪设定加热炉温度打开电加热器电源开关开始加热。必须注意，没有空气通过加热器时，切勿先打开加热电源开关。以防加热器烧毁。

2. 加料时，要停风机，加料速度不能太快。

3. 实验结束后，先将控温仪和加热器电源关闭，经过数分钟后，空气温度降至30℃以下，逐渐完全开启放空阀，最后关闭风机电源开关，并切断电源。

4. 实验结束后，打开加料器阀门和泄压阀，使变色硅胶颗粒与空气充分接触，吸收空气中的水分，以便下次实验时使用。

5. 当干燥器内有物料时，床层有一定阻力，空气进入床层前会被压缩，导致床层下层温度会高于加热器设定温度。

6. 物料的起始含水量要适当。起始含水量过低，干燥过程没有恒速阶段，起始含水量过高，气体通过床层时分布不均匀，难以沸腾。

7. 取样时间要精确到秒。

8. 温控仪测温滞后现象比较严重，升温速度不能太快。

八、实验数据记录

根据实验过程自行设计实验数据记录表格。表格应该包括实验序号、湿物料质量、时间间隔、湿物料含水量、空气流量、床层上层温度、床层下层温度、床层压降、干燥速度等项目。

九、实验数据处理及结果分析讨论的要求

1. 作出干燥速率曲线，并对实验结果进行分析讨论。

2. 作出流化曲线，考察床层压降和空气流量之间的关系，并对结果进行分析讨论。

1. 本实验所得的流化床流化曲线有何特征？

2. 流化床操作中，存在腾涌和沟流两种不正常现象，如何利用床层压降对其进行判断？怎样避免它们的发生？

3. 为什么对于同一湿度的空气，温度较高有利于干燥操作的进行？

4. 测定干燥速率曲线有什么工业意义？

5. 流化床干燥为什么能强化干燥？

6. 决定恒速和降速干燥阶段干燥速率的因素分别是什么？

7. 如何从干燥速率曲线分析物料含水量？

8. 物料在 70～80℃ 的空气流中干燥，经过相当长时间，是否能够得到绝干物料？

9. 在气流温度或速度不同时，干燥速率曲线有何变化？

10. 什么是临界流化速度？它受哪些因素影响？

11. 旋风分离器分离效率的影响因素有哪些？对于一定的物系，要提高分离效率应该采取何种措施？

12. 流化床干燥是否适合于所有的湿物料干燥过程？

13. 同种物料在相同的干燥条件下，采用流化床干燥和厢式干燥，其干燥速率曲线是否相同？

流化床干燥实验装置介绍及数据记录表请扫描下方二维码获取。

流化床干燥实验相关资源

实验 15　洞道干燥实验

一、实验背景

有些物料，如木材、砖瓦坯以及陶瓷坯的干燥速率不能太快，防止物料龟裂和变形。为此，需要在较高温度时，采用较湿的空气作为干燥介质。当这类物料的量较大时，可以选用洞道干燥方式。

为了增加干燥介质的流动速度，洞道一般设计成狭长的通道，物料装在运输车上，当一车湿物料从洞道一端进入时，一车干物料就从另一端卸出。洞道干燥比较适合连续化干燥过程。由于洞道干燥结构多样、操作简单、能量消耗较低，适应于物料长时间的干燥，多用于砖瓦、陶瓷坯、木材、人造丝及皮革的干燥。

二、实验目的

1. 熟悉并掌握干燥曲线和干燥速率曲线的测定方法。

2. 熟悉并掌握物料含水量的测定方法。

3. 通过实验加深对物料临界含水量 X_c 概念及其影响因素的理解。

4. 熟悉并掌握恒速干燥阶段物料与空气之间对流传热系数的测定方法。

5. 学会用误差分析方法对实验结果进行误差估算。

6. 了解洞道干燥器的结构和干燥流程。

三、实验任务

1. 在固定空气流量和空气温度的条件下，测定某种物料的干燥曲线、干燥速率曲线和该物料的临界含水量。

2. 测定恒速干燥阶段该物料与空气之间的对流传热系数。

3. 测定气体通过干燥器的压降。

四、实验原理

当湿物料与干燥介质接触时，物料表面的水分开始汽化，并向周围介质传递。根据介质传递特点，干燥过程可分为两个阶段。

第一阶段为恒速干燥阶段。干燥过程开始时，由于整个物料含水量较大，其物料内部水分能迅速迁移至物料表面。此时干燥速率由物料表面水分的汽化速率所控制，故此阶段称为表面汽化控制阶段。这个阶段中，干燥介质传给物料的热量全部用于水分的汽化，物料表面温度维持恒定（等于热空气湿球温度），物料表面的蒸汽分压也维持恒定，干燥速率恒定不变，故称为恒速干燥阶段。

第二阶段为降速干燥阶段。当物料含水量达到临界含水量时，便进入降速干燥阶段。此时物料中所含水分量较少，水分自物料内部向表面传递的速率低于物料表面水分的汽化速率，干燥速率由水分自物料内部向物料表面的迁移速率所控制，称为内部迁移控制阶段。随着物料含水量逐渐减少，物料内部水分的迁移速率逐渐降低，干燥速率不断下降，故称为降速干燥阶段。

恒速干燥阶段干燥速率和临界含水量的影响因素主要有：固体物料的种类和性质，固体物料层的厚度或颗粒大小，空气的温度、湿度和流速以及空气与固体物料间的相对运动方式等。

恒速干燥阶段干燥速率和临界含水量是干燥过程研究和干燥器设计的重要数据。本实验在恒定干燥条件下对帆布物料进行干燥，测定其干燥曲线和干燥速率曲线，目的是掌握恒速干燥阶段干燥速率和临界含水量的测定方法及其影响因素。

1. 干燥速率测定

$$U = \frac{\mathrm{d}W'}{A\,\mathrm{d}\tau} \approx \frac{\Delta W'}{A\,\Delta\tau} \tag{1}$$

式中，U——干燥速率，$kg/(m^2 \cdot h)$；A——干燥面积，m^2，（实验室现场提供）；$\Delta\tau$——时间间隔，h；$\Delta W'$——$\Delta\tau$ 内干燥汽化的水分质量，kg。

2. 物料干基含水量

$$X = \frac{G' - G'_c}{G'_c} \tag{2}$$

式中，X——物料干基含水量，kg 水/kg 绝干物料；G'——固体湿物料质量，kg；G'_c——绝干物料质量，kg。

3. 恒速干燥阶段对流传热系数的测定

$$U_c = \frac{\mathrm{d}W'}{A\,\mathrm{d}\tau} = \frac{\mathrm{d}Q'}{r_w A\,\mathrm{d}\tau} = \frac{\alpha(t - t_w)}{r_w}$$

$$\alpha = \frac{U_c r_w}{t - t_w} \tag{3}$$

式中，α——恒速干燥阶段物料表面与空气之间的对流传热系数，$W/(m^2 \cdot \text{℃})$；U_c——恒速干燥阶段的干燥速率，$kg/(m^2 \cdot s)$；t_w——干燥器内空气的湿球温度，℃；t——干燥器内空气的干球温度，℃；r_w——t_w下水的汽化热，J/kg。

4. 干燥器内空气实际体积流量的计算

由孔板流量计的流量公式和理想气体的状态方程式可推导出

$$V_t = V_{t_0}\left(\frac{273+t}{273+t_0}\right) \tag{4}$$

式中，V_t——干燥器内空气的实际流量，m^3/s；t_0——流量计处空气的温度，℃；V_{t_0}——常压下 t_0 时空气的流量，m^3/s；t——干燥器内空气的温度，℃。

$$V_{t_0} = C_0 A_0 \sqrt{\frac{2\Delta p}{\rho}} \tag{5}$$

$$A_0 = \frac{\pi}{4}d_0^2 \tag{6}$$

式中，C_0——流量计流量系数，$C_0 = 0.65$；d_0——孔板流量计的孔径，$d_0 = 0.035m$；A_0——孔板流量计的孔面积，m^2；Δp——节流孔板上下游两侧压力差，Pa；ρ——孔板流量计处 t_0 时空气的密度，kg/m^3。

五、实验装置和流程

1. 实验装置基本情况

洞道尺寸：长 1.16m，宽 0.190m，高 0.24m。

加热功率：500～1500W。

空气流量：1～5m^3/min。

干燥温度：40～120℃。

质量传感器显示仪：量程 0～200g；精度 0.1g。

干球温度、湿球温度显示仪：量程 0～150℃。

孔板流量计处温度显示仪：量程 0～100℃。

孔板流量计处压差变送器和显示仪：量程 0～10kPa。

电子秒表：绝对误差 0.5s。

2. 洞道式干燥实验装置面板图（图1）

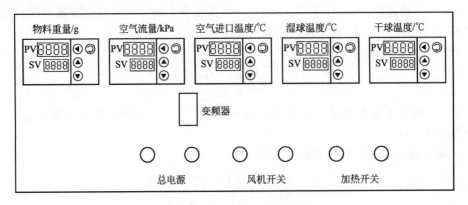

图 1　洞道式干燥实验装置面板图

PV—实际值；SV—设定值

3. 洞道式干燥实验装置流程（图2）

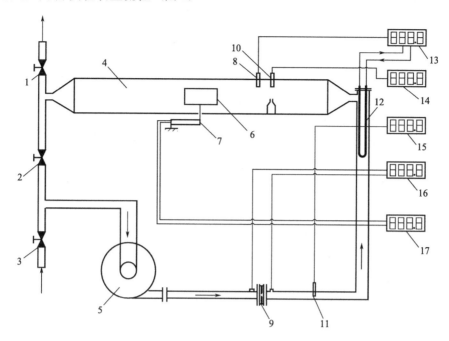

图2 洞道式干燥实验装置流程

1—废气排出阀；2—废气循环阀；3—空气进气阀；4—洞道干燥器；5—风机；6—干燥物料；

7—质量传感器；8—干球温度计；9—孔板流量计；10—湿球温度计；11—空气进口温度计；

12—加热器；13—干球温度显示仪；14—湿球温度显示仪；15—进口温度显示仪；

16—压差显示仪；17—质量传感器显示仪

六、实验操作要点

1. 手动操作

（1）将干燥物料（帆布）放入水中浸湿，将放湿球温度计纱布的烧杯装满水。

（2）调节风机吸入口的阀3到全开的位置，然后启动风机。

（3）通过废气排出阀1和废气循环阀2调节空气流量到指定值后，开启加热电源。在智能仪表中设定干球温度，仪表自动将空气温度调节到指定的值。

（4）当空气温度、流量稳定时，读取质量传感器测定的支架质量并记录下来。

（5）把充分浸湿的干燥物料（帆布）6固定在质量传感器7显示仪上，并与气流平行放置。

（6）在系统稳定的状况下，每隔3min记录一次充分浸湿的干燥物料的质量，直至干燥物料的质量不再明显减轻为止。

（7）改变空气流量和空气温度，重复上述实验步骤，并记录相关数据。

（8）实验结束时，先关闭加热电源，待干球温度降至常温后关闭风机电源和总电源。

（9）整理实验室。

2. 计算机操作

（1）将实验设备上数据采集线连接到计算机指定接口处。启动计算机，进入Windows操作系统后，双击桌面文件"干燥实验"图标，进入"干燥实验计算机采集控制程序"，点击界面，进入主程序。

（2）进入主程序后，进行相关操作。在程序主界面上设定干球温度（红色线框内为实测值，绿色框内为设定值），启动风机（红按钮为关，绿按钮为开），调节阀1、2、3到合适位置，然后打开加热器。

（3）待干球温度达到设定值后，从程序主界面进入采集界面。分别称取支架质量和干燥物料质量，将物料浸湿，固定在支架上，关闭洞道干燥器上的取物窗。点击程序上采集键，程序自动采集数据，直至实验完成。

（4）保存采集数据，保存图像。关闭加热，待干球温度到常温时关闭风机，退出程序。

七、实验注意事项

1. 质量传感器显示仪的量程为0～200g，精度为0.1g，所以在放置干燥物料时务必轻拿轻放，以免损坏或降低质量传感器显示仪的灵敏度。

2. 当干燥器内有空气流过时才能开启加热装置，以避免干烧，损坏加热器。

3. 要保证干燥物料充分浸湿，但又不能有水滴滴下，否则将影响实验数据的准确性。

4. 实验进行中不要改变智能仪表的设置。

八、实验数据记录

根据实验过程绘制实验数据记录表及数据整理结果表。实验数据记录表中应该包含孔板流量计读数、流量计处的空气温度、干球温度、湿球温度、框架质量、干燥物料质量、干燥面积、洞道截面积。需要按照相同的时间间隔持续进行干燥实验。实验整理结果表应该包含实验序号、累计时间、总质量、干基含水量、平均含水量、干燥速率等内容。

九、实验数据处理及结果分析讨论的要求

1. 根据实验结果绘制干燥曲线、干燥速率曲线，并确定恒定干燥速率、临界含水量、平衡含水量。

2. 计算恒速干燥阶段物料与空气之间的对流传热系数。

3. 试分析空气流量或温度对恒定干燥速率、临界含水量的影响。

思考题

1. 干燥曲线必须在恒定干燥条件下测定，实验中哪些条件要恒定？

2. 试推想当空气的温度和流量改变时干燥速率曲线的变化。

3. 为什么在操作中要先开风机送气，然后再通电加热？

4. 分别说明提高空气温度或加大空气流量时干燥速率曲线有何变化？对临界含水量有无影响，为什么？

5. 若忘记给湿球温度计加水，会对实验产生什么影响？

6. 影响恒速和降速干燥阶段干燥速率的因素分别是什么？

7. 如果空气干球温度、湿球温度不变，增大风速，干燥速率如何变化？

8. 物料平衡含水量 X^* 的数值大小受哪些因素影响？

9. 使用废气循环对干燥过程有什么好处？干燥热敏性物料或易变形物料、易开裂物料为什么多使用废气循环？

10. 测定干燥速率曲线有什么意义？它对干燥器的设计和生产有哪些帮助？

洞道干燥实验装置介绍及数据处理示例请扫描下方二维码获取。

洞道干燥实验相关资源

实验16　无机陶瓷膜分离实验

一、实验背景

无机膜分离是一种新型分离技术，它是借助膜的选择渗透作用对混合物进行分离、分级、提纯和富集的方法。无机陶瓷膜是无机膜中最常用的一种，是以陶瓷材料如氧化铝、氧化锆、氧化钛等支撑的不对称分离膜，呈单管状和多通道状，管壁密布微孔。在操作压差的作用下，小于膜孔孔径的粒子和溶剂流可以通过无机陶瓷膜而形成透过液；主流体在管路内循环，浓缩至一定程度后，收集或排放。无机陶瓷膜分离过程可以认为是一个错流过滤的过程。

无机膜分离技术广泛应用于化工、环保、食品、生化和制药工业。主要案例有：油田采出水处理、金属清洗液及轧钢乳化液处理、化工含油废水处理、蛋白质的分离与精制、生物发酵液的过滤除菌、树脂解析液的浓缩、农药水剂粉剂过滤除杂等。

二、实验目的

1. 了解无机膜分离新技术。
2. 了解无机陶瓷膜性能特点。
3. 掌握影响无机陶瓷膜分离过程的主要因素。
4. 掌握无机陶瓷膜分离过程的实验操作技能。

三、实验任务

绘制透过液通量随操作压差及流量的变化曲线。

四、实验原理

实验所用无机多孔分离膜主要由三层结构构成：多孔载体，过渡层，活性分离层，如

图 1 所示。

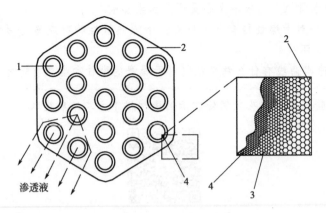

图 1　无机多孔分离膜元件示意图
1—通道；2—多孔载体；3—过渡层；4—活性分离层（膜）

多孔载体的作用是保证膜的机械强度，要求其有较大的孔径和孔隙率，以增加渗透性，减少流体流动阻力。多孔载体的孔径一般为 $10\sim15\mu m$，其形式有平板、管式以及多通道蜂窝状，以后者居多。多孔载体一般由氧化铝、二氧化锆、碳、金属、陶瓷以及碳化硅材料制成。

所谓过渡层是介于多孔载体和活性分离层中间的结构，有时称之为中间层。过渡层的作用是防止在活性分离层制备过程中颗粒向多孔载体渗透。由于有过渡层的存在，多孔载体的孔径可以制备得较大，因而膜的阻力小，膜渗透通量大。根据需要，过渡层可以是一层，也可以是多层，其孔径逐渐减小至与活性分离层匹配。一般而言，过渡层的孔径在 $0.2\sim5\mu m$，每层厚度不大于 $40\mu m$。

活性分离层即膜，它是通过各种方法负载于多孔载体或过渡层上的薄膜，分离过程主要是在这层薄膜上发生的。分离层的厚度一般在 $0.5\sim10\mu m$，现在正在向超薄方向发展，实验室已能制备出几个纳米厚的超薄分离层。工业应用的分离膜孔径在 $4nm\sim5\mu m$，并且正在向微孔膜领域发展。

一般认为超滤膜分离机理是筛孔分离过程。溶质的截留有在膜表面的机械截留（筛分）、在膜孔中停留而被除去（阻塞）、在膜表面及孔内的吸附 3 种方式。但膜表面化学性质和物理性质的相互作用也是影响超滤分离的重要因素。

氧化铝陶瓷膜对液体中所含固体颗粒分离的主要依据是筛分。对油和其他物质存在介质的分离是因为氧化铝陶瓷膜是一种极性膜，具有亲水疏油的特性，水与膜的界面能小于油与膜的界面能，使油与膜的黏附力小，油滴不易吸附在膜的表面，所以在相同的压力下，水比油容易通过膜孔而实现分离。在超滤分离浓缩乳化油过程中，随着油浓度的提高，油粒子相互碰撞的机会增大，从而达到油粒子的粗粒化。在循环水池中的表面形成的浮油，通过油水分离装置可得到回收。

用陶瓷膜处理含有超细颗粒的乳化悬浮液，是依据"筛分"理论及陶瓷膜亲水疏油的特性，根据在一定的膜孔径范围内渗透的物质分子直径不同，利用压力差为推动力，使小分子物质通过，大分子则被截留。该过程不需要破乳就可以直接实现乳化悬浮液中的油和超细颗粒与它们存在的介质的分离。

五、实验装置和流程

无机陶瓷膜分离实验流程如图2所示。

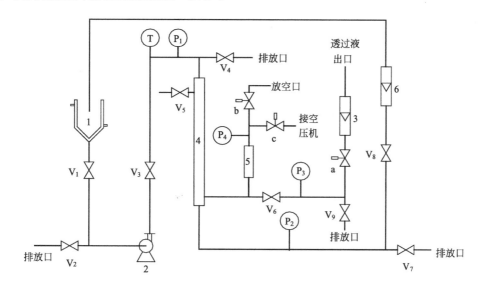

图2 无机陶瓷膜分离实验流程

1—原料罐；2—原料泵；3,6—转子流量计；4—膜组件；5—缓冲罐；

a,b,c—电磁阀；$V_{1\sim9}$—阀门；$P_{1\sim4}$—压力表；T—温度表

六、实验操作要点

1. 检查阀门，使所有阀门处于关闭状态。

2. 加原料液［原料液可以为食用醋（除浊）、药酒、茶叶水等物料。］约 $10\sim20L$ 至原料罐中，打开阀门 V_1、V_3、V_6、V_8 及电磁阀 a（电磁阀的开关在控制面板上）。

3. 启动原料输送泵。

4. 调节阀门 V_3、V_8 至所需流量和操作压差，观察主流体及透过液的流动情况，用量筒在透过液出口处测量单位时间内透过液的流量（mL/min）。

5. 采用单因素分析的方法，测定透过液通量随操作压差、流量的变化规律。固定流量，测定不同操作压差下透过液通量；固定操作压差，测定不同流量下的透过液通量（需要同时调节阀门 V_3、V_8）。

6. 反冲洗。关闭阀门 V_3、V_6 及电磁阀 a（此时 V_8 打开），打开电磁阀 c，启动空压机至压力表 P_3 的读数为 $0.3\sim0.4MPa$，约 1min 后关闭空压机及电磁阀 c。过一段时间后，观察气体在转子流量计6及原料罐中的流动情况（在这个过程中完成气体对污染膜表面的反冲洗过程）。反冲过程结束后，打开电磁阀 b 将剩余的空气排空。

7. 运行结束后打开阀 V_2、V_4、V_5、V_6、V_7、V_9，放空系统中的料液，反复清洗设备及管路。

8. 关闭所有阀门。

七、实验注意事项

每次实验结束后，均应清洗陶瓷膜，预防堵塞，保持膜清洁。

八、实验数据记录

实验数据记录表参见表1。

表1 实验数据记录表

样品	原料液	浓缩液	透过液	备注
吸光值 A				
浓度 C				从标准曲线查找,此处略

九、实验数据处理及结果分析讨论的要求

1. 计算截留率。
2. 描述实验中的无机陶瓷膜分离过程。
3. 在坐标纸上绘制透过液通量随操作压差及流量的变化曲线。
4. 无机陶瓷膜分离性能有哪些主要指标?这些指标对透过液通量有哪些主要影响因素?

1. 进料液的温度对处理过程有什么影响?
2. 膜被污染了如何处理?

无机陶瓷膜分离设备及项目式教学任务书请扫描下方二维码获取。

无机陶瓷膜分离实验相关资源

实验17 有机膜分离实验

一、实验背景

膜分离技术是用于液-固(液体中的超细微粒)分离、液-液分离、气-气分离、膜反应-分离耦合的集成分离技术。该技术在化学工业、石油化工、生物医药和环境保护等领域有广泛的应用。

膜分离是用天然或人工合成的膜,以外界能量或化学位差为推动力,对双组分或多组分的溶质与溶剂进行分离、分级、提纯和富集的技术。液相膜分离可应用于水溶液体系、非水溶液体系、水溶胶体系和含有其他微粒的水溶液体系等。目前,膜分离包括反渗透(RO)、纳滤(NF)、超滤(UF)、微滤(MF)、渗透汽化(PV)和气体分离(GS)等。超滤膜分

离过程具有无相变、设备简单、效率高、占地面积小、操作方便、能耗少和适应性强等优点。一般来说，超滤膜截留分子量为 500～100000（孔径：1～50nm），广泛应用于电子、食品、医药和环保等领域。

二、实验目的

1. 了解和熟悉有机膜分离的基本原理。
2. 了解有机膜过滤装置结构、有机膜组件及有机膜分离工艺流程。
3. 学习和掌握超滤膜分离技术的基本原理。

三、实验任务

测定超滤膜的透过率。

四、实验原理

各种膜对不同物质的截留见图1。

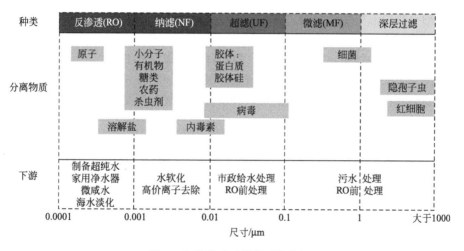

图1 各种膜对不同物质的截留

超滤是利用多孔材料的拦截能力，以物理截留的方式去除水中一定大小的杂质颗粒。在压力驱动下，溶液中水、有机低分子、无机离子等尺寸小的物质可通过纤维壁上的微孔到达膜的另一侧，溶液中菌体、胶体、颗粒物、有机大分子等大尺寸物质则不能透过纤维壁而被截留，从而达到筛分溶液中不同组分的目的。该过程为常温操作，无相态变化，不产生二次污染。

对于超滤机理目前存在不同的说法，一种被广泛用来形象地描述超滤膜分离过程的理论是"筛分"。该理论认为膜表面具有无数微孔，这些实际存在的不同孔径的孔眼像筛子一样，截留住了分子直径大于孔径的溶质和颗粒，从而达到了分离的目的。但是，若超滤完全用"筛分"的概念来解释，会非常含糊。在有些情况下，似乎孔径大小是物料分离的唯一支配因素；但对于有些情况，超滤膜材料表面的化学特性却起到了决定性的截留作用。如有些膜的孔径既比溶剂分子大，又比溶质分子大，本应不具有截留功能，但令人意外的是，它却仍具有明显的分离效果。全面的解释是：在超滤膜分离过程中，膜的孔径大小和膜表面的化学

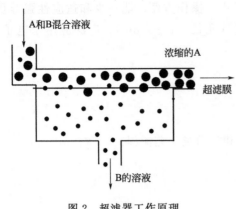

A和B混合溶液

浓缩的A

超滤膜

B的溶液

图2 超滤器工作原理

性质等分别起着不同的截留作用。因此，不能简单地理解超滤现象。孔结构是重要因素，但不是唯一因素，另一重要因素是膜表面的化学性质。最简单的超滤器的工作原理如下：在一定的压力作用下，当含有高分子（A）和低分子（B）溶质的混合溶液流过被支撑的超滤膜表面时，溶剂（如水）和低分子溶质（如无机盐类）将透过超滤膜，作为透过物被收集起来；高分子溶质（如有机胶体）则被超滤膜截留而作为浓缩液被回收。超滤器工作原理见图2。

本实验通过用中空纤维超滤膜处理水，对了解和熟悉新的有机膜分离技术具有十分重要的意义。

五、实验装置和流程

为降低有机膜的过滤负荷，一般的工艺过程中，在有机膜过滤之前加了预处理过程。本实验中采用的有机膜为中空纤维膜。

1. 实验设备参数

实验装置采用双件结构，外压式流程。膜组件技术指标如下。

截留分子量：6000；膜材料：聚砜；流量范围：25～250L/h；离心泵：WB50/025。

本装置有膜组件两个，从流程上既可以并联操作，也可以交替单独操作。

2. 实验设备流程图及面板示意图

实验设备流程见图3，面板见图4。

3. 实验物料

采用聚乙二醇水溶液，溶液量35L（储槽使用容积），浓度约30mg/L。料液配制方法：取MW20000聚乙二醇1.1g放入1000mL的烧杯中，加入800mL水，搅拌至全溶，在储槽内稀释至35L，并搅拌均匀备用。

4. 分析方法

（1）分析试剂及物品　聚乙二醇：MW20000；无水乙酸：化学纯；次硝酸铋：化学纯；碘化钾：化学纯；醋酸钠：化学纯；蒸馏水；棕色容量瓶：100mL两个；量液管：5mL一支；容量瓶：500mL一个，1000mL一个，100mL十个；移液管：50mL一支，5mL两支；工业滤纸若干；量筒：250mL一个，10mL两个。

（2）Dragendoff试剂配制　A液：准确称取1.600g次硝酸铋，置于100mL容量瓶中，加无水乙酸20mL，用蒸馏水稀释至刻度。

B液：准确称取40g碘化钾，置于100mL棕色容量瓶中，用蒸馏水稀释至刻度。

Dragendoff试剂：量取A液、B液各5mL，置于100mL棕色容量瓶中，加无水乙酸40mL，用蒸馏水稀释至刻度。此溶液有效期为十年。

醋酸缓冲液的配制：量取0.2mol/L醋酸钠溶液590mL及0.2mol/L无水乙酸溶液410mL，置于1000mL容量瓶中，配制成pH值为4.18的醋酸缓冲液。

（3）分析操作（选择性操作）

① 用比色法测量原料液、超滤液和浓缩液的浓度。

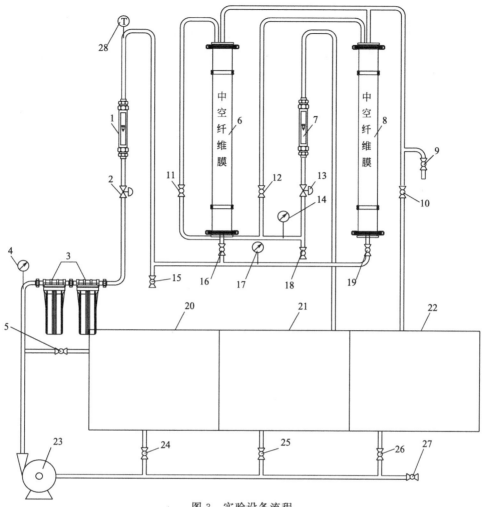

图3 实验设备流程

1—进水流量计；2—进水流量调节阀；3—微型过滤器；4—入口压力表；5—旁路调节阀；6—超滤膜组件1；7—浓水流量计；8—超滤膜组件2；9—滤过液放出阀；10—滤过液出口阀；11—超滤膜组件1浓水阀；12—超滤膜组件2浓水阀；13—浓水调节阀；14—浓水压力；15—原料液放出阀；16—超滤膜组件1原料入口阀；17—超滤膜组件2原料入口压力表；18—浓水放出阀；19—超滤膜组件2原料入口阀；20—原料水槽；21—浓水水槽；22—产品水槽；23—原料泵；24—原料槽入口阀；25—浓水槽入口阀；26—产品槽入口阀；27—水槽放水阀；28—温度计

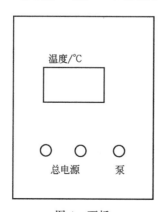

图4 面板

② 仪器：722 型分光光度计，使用前认真阅读说明书。

③ 开启分光光度计电源，将测定波长设置为 510nm，预热 20min。

④ 绘制标准曲线：准确称取在 60℃下干燥 4h 的聚乙二醇 1.000g 溶于 1000mL 溶量瓶中，分别吸取聚乙二醇溶液 0.5mL、1.5mL、2.5mL、3.5mL、4.5mL 稀释于 100mL 容量瓶内，配制成浓度为 5mg/L、15mg/L、25mg/L、35mg/L、45mg/L 的聚乙二醇标准溶液。然后各取 50mL，加入 100mL 容量瓶中，分别加入 Dragendoff 试剂及醋酸缓冲液各 10mL，蒸馏水稀释至刻度，放置 15min。于波长 510nm 下，用 1cm 比色池，在 722 型分光光度计上测定光密度，蒸馏水为空白。以聚乙二醇浓度为横坐标，光密度为纵坐标作图，绘制出标准曲线。

⑤ 取试样 50mL，置于 100mL 容量瓶内，在标准曲线上查出试样光密度。

六、实验操作要点

1. 将料液置于原料储槽内。

2. 关闭离心泵出口阀。

3. 启动离心泵，打开阀 5，关闭其余阀门。

4. 将原料混合一段时间后，取料液样品约 100mL。

5. 打开进膜组件阀 16、18，调节出膜组件阀门开度，控制流量。

6. 每隔 10min 从阀 9 取样约 100mL，取浓缩液约 100mL。按分析方法测定其浓度。

7. 实验结束后，关闭相关阀门，膜组件内保持水分，停离心泵，关闭总电源。

七、实验注意事项

1. 检查管路是否正常连接，电线是否有接触水的情况，关闭排压口，打开供水阀，启动原水泵。

2. 待进水压力（表压）升至 2 个大气压时，启动主机（打开控制面板上右侧黑色旋钮）。

八、实验数据记录

有机膜分离实验数据记录见表 1。

表 1 有机膜分离实验数据记录表

样品	原料液	浓缩液	超滤液	备注
光密度 A	A_1	A_2	A_3	
浓度 C	C_1	C_2	C_3	从标准曲线查找,此处略

九、实验数据处理及结果分析讨论的要求

1. 截留率 Ru 的计算

$$Ru = \frac{C_1 - C_2}{C_1} \times 100\%$$

$$=\frac{A_1-A_2}{A_1}\times100\%$$

Ru 值越大，表示超滤膜组件分离效果越好。

2. 描述实验中的有机膜分离过程。

3. 结合实验现象及数据结果说明影响膜分离效果的主要因素有哪些。

 思考题

1. 结合实验现象及数据结果，分析超滤膜分离的机理。

2. 实验中操作压力变化对截留率有什么影响？

3. 提高料液的温度对膜通量有什么影响？

4. 超滤膜组件中加保护液的意义是什么？

5. 阅读文献，回答什么是浓差极化？有什么危害？有哪些消除方法？

6. 试分析超滤、纳滤和反渗透膜分离的机理，比较三种膜分离的优缺点。

7. 如果增大料液的流量，会造成什么后果？

有机膜分离设备图及项目式教学任务书请扫描下方二维码获取。

有机膜分离实验相关资源

实验 18　变压吸附实验

一、实验背景

变压吸附（pressure swing adsorption，PSA）是一种新型气体吸附分离技术，在等温的情况下，利用加压吸附和减压解吸组合成吸附操作循环过程。吸附剂对吸附质的吸附量随着压力的升高而增加，也随着压力的降低而减少。于是，在减压（降至常压或抽真空）下，吸附剂放出被吸附的气体，其自身获得再生，不需要外界供给热量。因此，变压吸附既称等温吸附，又称无热再生吸附。

变压吸附具有以下优点：产品纯度高；一般可在室温和不高的压力下工作，床层再生时不用加热；设备简单，操作、维护简便；连续循环操作，可完全达到自动化。

变压吸附应用案例：空分制氧、氮、烃类，水蒸气制氢，炼厂副产气制氢等。

二、实验目的

1. 深刻理解吸附理论，掌握所学理论知识，并与工程实践相结合。

2. 掌握吸附中变压的应用，了解变压吸附设备，并学会设备的操作。

3. 掌握变压吸附中压力和阀门切换时间与吸附量的关系。

三、实验任务

以空气为原料，碳分子筛为吸附剂，依据变压吸附原理，利用含发达微孔的分子筛对气体进行选择性吸附，达到分离空气中氮、氧的目的。考察氮的纯度与压力、吸附脱附转换时间的关系。

四、实验原理

固体物质表面对气体或液体分子的吸着现象称为吸附。其中被吸附的物质称为吸附质，固体物质称为吸附剂。吸附操作在化工、轻工、炼油、冶金和环保等领域都有着广泛的应用。如气体中水分的脱除，溶剂的回收，水溶液或有机溶液的脱色、脱臭，烷烃的分离，芳烃的精制等。

1. 吸附机理

根据吸附质和吸附剂之间吸附力的不同，吸附操作分为物理吸附与化学吸附两大类。

(1) 物理吸附（范德瓦耳斯吸附） 它是吸附剂与吸附质分子间吸引力作用的结果。如固体和气体分子间的吸引力大于气体内部分子间的吸引力，气体就会凝结在固体表面上。因固体和气体分子间吸引力较弱，故容易脱附。吸附过程达到平衡时，吸附在吸附剂上的吸附质的蒸气压应等于其在气相中的分压。本实验为物理吸附。

(2) 化学吸附 是由吸附质与吸附剂分子间化学键的作用所引起的，其分子间结合力比物理吸附大得多，放出的热量也大得多，与化学反应热数量级相当，且过程往往不可逆。化学吸附在催化反应中起重要作用。

2. 吸附分离过程的分类

目前工业生产中吸附过程主要有如下几种。

(1) 变温吸附 在一定压力下吸附的自由能变化 ΔG 可表示为

$$\Delta G = \Delta H - T \Delta S \tag{1}$$

式中，ΔH——焓变；ΔS——熵变；T——温度。

当吸附达到平衡时，系统的自由能、熵值都降低。故式(1)中焓变 ΔH 为负值，表明吸附过程是放热过程，可见若降低操作温度，可增加吸附量；反之，提高温度可降低吸附量。因此，吸附操作通常是在低温下进行，然后提高操作温度使被吸附组分脱附。通常用水蒸气直接加热吸附剂，使其升温解吸，水蒸气冷凝后与解吸物分离。吸附剂的吸附与间接或直接加热升温、干燥和冷却等阶段组成变温吸附过程。吸附剂循环使用。

(2) 变压吸附 变压吸附也称无热源吸附。恒温下，升高系统的压力，床层吸附容量增大；反之，系统压力下降时，其吸附容量相应减小，此时吸附剂解吸、再生。利用系统压力变化经吸附、脱附实现物质分离的过程称为变压吸附。根据系统操作压力变化的不同，变压吸附循环可以是常压吸附、真空解吸，加压吸附、常压解吸，加压吸附、真空解吸等几种方法。对一定的吸附剂而言，压力变化越大，吸附质被分离得越好。

(3) 溶剂置换 在恒温恒压下，已吸附饱和的吸附剂可用溶剂将床层中已吸附的吸附质冲洗出来，同时使吸附剂解吸再生。常用的溶剂有水、有机溶剂等各种极性或非极性物质。

3. 吸附剂的再生

吸附剂的再生，也称吸附剂脱附，对吸附过程是非常重要的。对物理吸附来说，通常采用的方法是提高温度或降低吸附质在气相中的分压，这样将使吸附质以原来的形态从吸附剂上回到气相或液相，这就是"脱附"。所以，物理吸附过程是可逆的，吸附分离过程正是利用物理吸附的这种可逆性来实现混合物的分离。

4. 吸附分离过程的适用性

吸附分离利用混合物中各组分与吸附剂间结合力强弱的差别，即各组分在固相（吸附剂）与流体间分配系数不同的性质，使混合物中难吸附与易吸附组分分离。适宜的吸附剂对各组分的吸附可以有很高的选择性，故特别适用于用精馏等方法难以分离的混合物的分离，以及气体与液体中微量杂质的去除。此外，吸附操作条件比较容易实现。

5. 常用吸附剂

通常固体都具有一定的吸附能力，但只有具有很高选择性和很大吸附容量的固体才能作为工业吸附剂。

（1）吸附剂的选择原则　吸附剂的性能对吸附分离操作的技术经济指标起着决定性的作用，故吸附剂的选择非常重要，其一般选择原则为：

① 具有较大的平衡吸附量。一般比表面积大的吸附剂，其吸附量也大。

② 具有良好的吸附选择性。

③ 容易解吸，即平衡吸附量与温度或压力具有较敏感的关系。

④ 有一定的机械强度和耐磨性，物理化学性质稳定，床层压降较低，价格便宜等。

（2）吸附剂的种类　目前工业上常用的吸附剂主要有活性炭、硅胶、活性氧化铝、分子筛等。

① 活性炭。活性炭常用于溶剂回收，溶液脱色、除臭、精制等，是当前应用最普遍的吸附剂。

活性炭的结构特点：有非常丰富的孔隙，具有非极性表面，是一种具有疏水性和亲有机物的吸附剂，故又称为非极性吸附剂。

活性炭的优点：吸附容量大，抗酸耐碱、化学稳定性好，解吸容易，在高温下进行解吸再生时其晶体结构不发生变化，热稳定性高，经多次吸附和解吸操作仍能保持原有的吸附性能。

活性炭的制备：通常所有含碳的物料，如木材、果壳、褐煤等都可以加工成黑炭，经活化制成活性炭。活化方法主要有两种：即化学活化和物理活化。化学活化是在原料中加入化学药品，如 $ZnCl_2$、H_3PO_4 等，在非活性气体中加热，进行干馏和活化。物理活化是通入水蒸气、CO_2、空气等，在 $700\sim1100℃$ 使之活化。炭中含水会降低其活性。一般活性炭的活化表面为 $600\sim1700m^2/g$。

② 硅胶。硅胶是一种坚硬无定形链状和网状结构的硅酸聚合物颗粒，是一种亲水性极性吸附剂。因其具有多孔结构，比表面积可达 $350m^2/g$。硅胶主要用于气体的干燥脱水、催化剂载体及烃类分离等过程。

③ 活性氧化铝。活性氧化铝为无定形的多孔结构物质，孔径 $20\sim50Å$（$1Å=0.1nm$），典型的比表面积为 $200\sim500m^2/g$。活性氧化铝一般由氧化铝的水合物（以三水合物为主）经加热、脱水和活化制得。其活化温度随氧化铝水合物种类不同而不同，一般为 $250\sim500℃$。活性氧化铝对水具有很强的吸附能力，故主要用于液体和气体的干燥。此外，它还

具有良好的机械强度，可在移动床中使用。

④ 分子筛。沸石吸附剂是具有特定且均一孔径的多孔吸附剂，它只允许比其孔径小的分子吸附上去，较大的分子则不能进入。因其有筛子的作用，故称为分子筛。分子筛是用 $M_nO \cdot Al_2O_3 \cdot ySiO_2 \cdot wH_2O$ 式表示其组成的含水硅酸盐。其中 M 表示金属离子，多数为钠、钾、钙，也可以是有机胺或复合离子。n 表示复合离子的价数，y 和 w 分别表示 SiO_4 和 H_2O 的分子数，y 又称为硅铝比。硅铝比为 2 左右的称为 A 型分子筛，3 左右的称为 X 型分子筛，3 以上称为 Y 型分子筛。

采用不同的原料配比、组成和制造方法，可以制成不同孔径（一般 3～8Å）和形状（圆形、椭圆形）的分子筛。分子筛是极性吸附剂，对极性分子，尤其对水具有很大的亲和力。由于分子筛突出的吸附性能，它在吸附分离中有着广泛的应用，主要用于各种气体和液体的干燥，芳烃或烷烃的分离，以及用作催化剂及催化剂载体等。

碳分子筛是以含炭材料加工而成的，与无机分子筛不同，属于有机分子筛，具有非极性、憎水、分子结合力弱的特点，可用于物理吸附。本实验用分子筛为碳分子筛，孔径为 0.5nm。

五、实验装置和流程

1. 设备组成

本实验以空气为原料、碳分子筛为吸附剂，依据变压吸附原理，利用微孔分子筛对气体进行选择性吸附，从而达到分离空气中氮、氧的目的。工艺流程如图 1 所示。

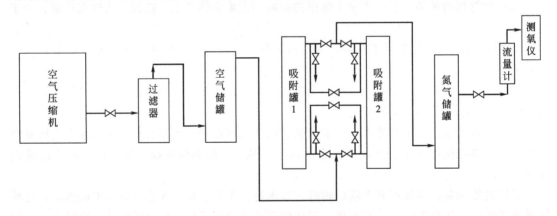

图 1　变压吸附工艺流程

2. 供气设备的要求

供气设备主要是空气压缩机，它的作用是提供变压吸附设备所用的压缩空气，保证设备正常工作。要求空气压缩机的供气压力达到 0.8MPa，供气温度≤45℃。设备工作环境应洁净。空气压缩机的安装、操作和维护见空气压缩机使用说明书。

3. 设备流程

如图 1 所示，空气经空气压缩机压缩后具有一定的压力，经过滤除油、除水后进入空气储罐，再经自动控制阀门进入处于吸附状态的分子筛罐（吸附罐）。由于空气具有压力时分子筛对氧的吸附能力较大，氮气经过分子筛后排出，进入氮气储罐，并经测氧仪测定氧的含量，即得到氮气纯度。

随着吸附的进行，分子筛对氧的吸附能力下降，排出的氮气中氧含量增加。氧含量增加到一定程度时，对两个吸附罐进行切换（50s、60s、70s），原在高压下吸附的罐减压，使吸附的氧脱附。两罐按预定时间进行切换，不断制得较纯净的氮气。两罐切换时，为了避免压力对分子筛的冲击，两罐间有管路连接，中间有平衡阀。

变压吸附制得的氮气纯度有一定的限制，一般能达到 99.99%，如欲再提高纯度，应进行过火燃烧，消耗掉氮气中的氧。

六、实验操作要点

1. 调整好空气压力范围，即开机压力与停机压力，并按说明书开动空气压缩机使之达到要求的压力（3～8kgf/cm²）。

2. 检查并学习测氧仪的使用方法。

在时间控制箱上设定两罐吸附、脱附转换时间，50s、60s、70s 任意一档。

3. 检查设备及阀门位置正常后，打开空气压缩机与变压吸附罐的连接阀门。

4. 在设备运行时随时测定氮气的含氧量和设备下部脱附排空的气体的含氧量，并记录含氧量的变化情况，排出氮气储罐中的空气。当氮气储罐中排出的气体含量稳定后开始实验。

5. 记录设备运行的条件，包括：吸附压力，吸附、脱附转换时间，氮气罐中排出气体含氧量，脱附时排出气体的含氧量。

6. 改变空气压缩机的出口压力，记录压力变化与氮气纯度的关系。

7. 改变吸附与脱附转换阀门的转换时间，记录氮气中氧的含量与该时间的关系。

8. 实验要求 3～5 个变量，实验完成后，关闭空气压缩机。

七、实验注意事项

1. 设备工作环境要洁净。

2. 氮气储罐排出的气体含量稳定后方可记录数据。

八、实验数据记录

根据实验过程，自行设计原始数据记录表格。

九、实验数据处理及结果分析讨论的要求

1. 按实验要求编制数据记录表，记录压力、含氧量、吸附-脱附转换时间等数据。

2. 对数据进行整理，分别绘制出氮的纯度与压力、吸附-脱附转换时间的关系曲线。

 思考题

1. 变压吸附为什么能使空气中的氮与氧分离？

2. 能用于变压吸附的吸附剂有哪些？

3. 变压吸附在操作时应注意哪些条件？

4. 为什么要控制吸附-脱附转换时间？变压吸附转换时间一般为多少？

变压吸附实验设备图及项目式教学任务书请扫描下方二维码获取。

变压吸附实验相关资源

第5章 | 化工原理仿真实验

实验 1 离心泵输送控制仿真实验

一、实验目的

1. 能够对离心泵进行基本操作，包括开车、停车及工艺参数调节。

2. 能够描述离心泵的工作原理、压力和流量控制原理、分程控制原理。

3. 能够知晓分布式控制系统（DCS）图和现场图的联系和区别，认识化工生产过程。

4. 观察气缚现象和汽蚀现象的特征，能够分辨离心泵的一些常见故障，并进行故障排除操作。

二、工艺流程说明

1. 工作原理

流体输送是化工生产中最常见的单元操作。为了克服流体输送过程中的机械能损失，提高流体的位能和压强，流体输送必须采用输送设备。通常，将输送液体的机械设备称为泵，其中利用离心作用工作的泵称为离心泵。离心泵有结构简单、流量均匀、效率高等特点。

离心泵由叶轮、泵壳、泵轴、泵座、底阀、吸水管、闸阀、压水管等部件组成，单级单吸式离心泵结构见图1。

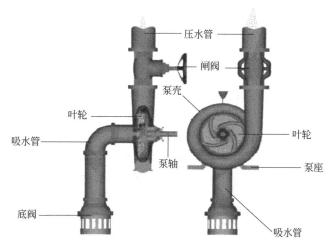

图 1　单级单吸式离心泵结构

离心泵一般由电动机驱动。启动前须在离心泵的壳体内充满被输送的液体，以防止"气缚"现象的发生。当电机通过联轴结带动叶轮高速旋转时，液体受到叶片的推力同时旋转。由于离心力的作用，液体从叶轮中心被甩向叶轮外沿，以高速流入泵壳。当液体到达蜗形通道后，由于通道截面积逐渐扩大，大部分液体动能转换成静压能，于是液体以较高的压力离开泵的出口。叶轮中心的流体因被甩出而形成低压区，这会在泵壳的吸入口形成一定的真空。在内外压差的作用下，液体经吸入管被吸至泵的中心，填补被排出液体的位置。

预习：查阅"气缚"现象和"汽蚀"现象的产生原因，分别有什么现象？如何避免？

2. 工艺流程说明

实验工艺流程如图 2 所示。

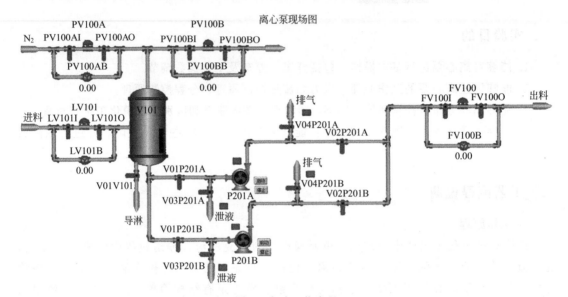

图 2　实验工艺流程

来自上一工段约 40℃的带压液体经控制阀 LV101 进入带压贮罐 V101。V101 内压力由压力分程控制器（PIC100，由 PV100A 和 PV100B 组成，在图中无显示）控制在 0.5MPa。控制阀 LV101 控制进料流量，以维持带压贮罐 V101 液位在 50%，罐内液体由离心泵 P201A 和（或）P201B 抽出，送至界区外（输送到其他设备）。泵出口流量由流量控制阀 FV100 控制在 20000kg/h。

3. PIC100 分程控制原理

在分程控制回路中，一台控制器的输出可以同时控制两个以上的控制阀，控制器的输出

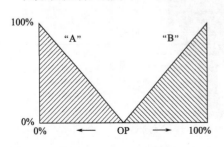

图 3　控制器 PIC100 的分程控制示意图

信号（输出信号用 OP 表示，其数值为 0%～100%）被分割成若干个信号的范围段，而由每一段信号去控制一个控制阀。本单元的 V101 压力由控制器 PIC100 分程控制，分程控制回路有：PIC100 分程控制充压控制阀 PV100A 和泄压控制阀 PV100B。当压力高于 0.5MPa 时，PV100B 打开泄压；当压力低于 0.5MPa 时，PV100A 打开充压。控制器 PIC100 的分程控制示意图见图 3。图中纵坐标为阀

开度，"A"和"B"分别代表控制器控制的阀 PV100A 和阀 PV100B。

三、仿真实验内容及操作规程

1. 离心泵冷态开车

（1）开车前准备工作

① 开车前全面检查各手动阀门是否处于关闭状态；所有控制器均置手动，输出为零。

② 打开 LV101 的前后阀 LV101I 和 LV101O；PV100A 的前后阀 PV100AI 和 PV100AO 及 PV100B 的前后阀 PV100BI 和 PV100BO。

（2）贮罐 V101 充液、充压

① 缓慢增大 PV100 的开度，通过 PIC100 压力分程控制器控制 N_2 流量，向 V101 充压，当压力达到 0.5MPa 时，将分程控制器 PIC100 投自动，设定为 0.5MPa。

② 打开 LV101，开度为 50%。

③ 待 V101 液位达 50%左右，将 LV101 设定为 50%，投自动。

（3）灌泵排气

① 当 V101 液位达 40%左右，压力达到正常后，打开 P201A 入口阀 V01P201A，向离心泵充液。

② 待 P201A 入口处压力指示为 0.5MPa 时，点击灌泵按钮，打开 P201A 排气阀 V04P201A，排放不凝气体。

③ 当有液体溢出时，排气显示标志变为绿色，表示 P201A 已无不凝气，关闭 V04P201A。

（4）启动 P201A

① 启动前，检查泵出口阀 V02P201A 是否关闭，若关闭，则准备工作就绪。

② 启动 P201A。

③ 打开泵出口阀 V02P201A。

（5）调整

① 当 P201A 出口压力大于入口压力的 1.5 倍（即 0.75MPa）后，打开 FV100 的前阀 FV100I 和后阀 FV100O，逐渐开大 FV100 的开度，使出口压力为 1.5MPa，入口压力为 0.5MPa。

② 微调 FV100，使流量稳定到 20000kg/h，投自动。

③ 维持 V101 液位在 50%，压力在 0.5MPa，泵出口压力在 1.5MPa。

2. 离心泵正常运行操作规程

（1）正常工况操作参数

① P201A 的出口压力（用 PI202 表示，下同）：1.5MPa。

② V101 液位（用 LIC101 表示，下同）：(50.0±5)%。

③ V101 罐内压力：0.5MPa。

④ 泵出口流量（用 FIC100 表示，下同）：20000kg/h。

（2）负荷调整

① 可任意改变泵、按键的开关状态、手操阀的开度及调节液位控制器、流量控制器、分程压力控制器的输出值，观察出现的现象和参数变化规律。

② P201A 泵功率正常值：15kW。

③ FIC100 量程正常值：20000kg/h。

3. 事故处理仿真训练

(1) P201A 故障处理操作规程

事故现象：①P201A 出口压力 PI202 急剧下降。②FIC100 流量急剧减小。

处理方法：切换到备用泵 P201B。

① 流量控制器 FIC100 改为手动。

② 关闭 FIC100。

③ 打开 P201B 前阀 V01P201B。

④ P201B 入口管道末端标志变为绿色时，表示灌泵完成。

⑤ 打开 P201B 排气阀 V04P201B，排放不凝气。

⑥ 排气显示标志变为绿色，表示 P201B 内已无不凝气，关闭 V04P201B。

⑦ 启动 P201B。

⑧ 打开 P201B 后阀 V02P201B。

⑨ 关闭 P201A 后阀 V02P201A。

⑩ 关闭 P201A 前阀 V01P201A。

⑪ 打开 P201A 前泄液阀 V03P201A。

⑫ 当液体全部排出，显示标志为绿色时，关闭泄液阀 V03P201A。

⑬ 调节 FV100 流量至 20000kg/h 左右。

⑭ 待 FIC100 流量稳定在 20000kg/h 后，将 FV100 投自动。

(2) FV100 阀卡处理操作规程

事故现象：FIC100 的液体流量不可调节或流量迅速降低。

处理方法：

① 打开 FV100 的旁路阀 FV100B，调节流量使其达到正常值。

② FV100 投手动后关闭。

③ 关闭 FV100 的前阀 FV100I 和后阀 FV100O。

④ 调节流量至 20000kg/h。

⑤ 通知维修部门。

(3) P201A 入口管线堵塞处理操作规程

事故现象：①P201A 入口、出口压力急剧下降。②FIC100 流量急剧减小到零。

事故原因：P201A 入口管线堵。

处理方法：按泵的切换步骤切换到 P201B，并通知维修部门。详细步骤：

① FV100 改为手动。

② 关闭 FV100。

③ 打开 P201B 前阀 V01P201B。

④ P201B 入口管道末端标志变为绿色后，表示灌泵完成。

⑤ 打开 P201B 排气阀 V04P201B，排放不凝气。

⑥ 排气显示标志变为绿色时，表示 P201B 内已无不凝气，关闭 V04P201B。

⑦ 启动 P201B。

⑧ 打开 P201B 后阀 V02P201B。

⑨ 关闭 P201A 后阀 V02P201A 和前阀 V01P201A。

⑩ 打开泵前泄液阀 V03P201A。

⑪ 当液体全部排出，显示标志变为绿色时，关闭泄液阀 V03P201A。

⑫ 调节 FIC100 流量至 20000kg/h 左右。

⑬ 待 FIC100 流量稳定在 20000kg/h 时，将 FIC100 投自动。

（4）P201A 汽蚀处理操作规程

事故现象：

① P201A 入口、出口压力上下波动。

② P201A 出口流量波动（大部分时间达不到正常值）。

处理方法：按泵的切换步骤切换至 P201B。

（5）P201A 气缚处理操作规程

事故现象：

① P201A 入口、出口压力急剧下降。

② FIC100 流量急剧减少。

处理方法：按泵切换步骤切换至 P201B 或按上述 P201A 入口管线堵塞处理操作规程进行。

（6）停电事故处理

事故原因：系统停电。

事故现象：离心泵停止工作，无流量输送，泵后压力为 0MPa。

事故处理方法：

① 停进料。LV101 改为手动。关闭 LV101，停止向 V101 进料。关闭 LV101 前阀 LV101I 和后阀 LV101O。

② 停泵。关闭 P201A 出口阀 V02P201A 和入口阀 V01P201A。将 FIC100 改为手动状态。关闭 FIC100。关闭 FV100 前阀 FV100I 和后阀 FV100O。打开泵前泄液阀 V03P201A。当液体全部排出，显示标志为绿色时，关闭泄液阀 V03P201A。

③ 贮罐泄液泄压。打开 V101 的泄液阀 V01V101。将 PIC100 改为手动状态。当 V101 液位小于 5% 容积时，缓慢开大 PIC100 的输出值（＞50%）泄压。当 V101 液体排空时，关闭泄液阀 V01V101。注意，不要误操作 PIC100 使 V101 压力升高。

 思考题

1. 离心泵的主要部件有哪些？各起什么作用？

2. 离心泵的叶轮主要有几种？简述其优、缺点和适用范围。

3. 常用离心泵的特性曲线有哪些？各有何特点？

4. 同一型号不同工厂制造的离心泵特性曲线完全一样吗？

5. 如何在仿真系统上测定离心泵特性曲线？

6. 离心泵的汽蚀现象是如何形成的？汽蚀对离心泵有何损害？如何避免？

7. 何为离心泵的气缚现象？如何克服？

8. 为什么离心泵开车前必须充液、排气？否则会出现什么后果？

9. 为什么离心泵启动和停止时都要在出口阀关闭的条件下进行？

10. 离心泵运行时可能有哪些常见故障？如何排除？

11. 离心泵运行时出口压力下降，可能是什么原因？

12. 离心泵运行时进口真空度下降，可能是什么原因？

13. 离心泵运行时轴承温度过高（＞75℃），可能是什么原因？

实验2　精馏系统仿真实验

一、实验目的

1. 能够描述精馏塔系统的结构及其在工厂中的布置和流程以及工业生产过程。

2. 能够对精馏塔系统进行正确操作，以及处理工业中一些常见的操作事故。

3. 能够识别精馏塔内出现的几种操作状态，并分析操作状态对塔性能的影响。

4. 能够对精馏塔性能参数进行测量。

5. 能够对精馏单元提出控制要求，为其选用现代测控技术，并能描述精馏系统的 DCS 控制过程及其实现方法。

二、精馏工艺原理及流程

1. 工艺原理

精馏是将液体混合物部分汽化，利用各组分挥发度的不同，通过液相和汽相间的质量传递来实现混合物的分离。原料进料热状态有五种：低于泡点进料，泡点进料，汽、液混合进料，露点进料，过热蒸汽进料。

精馏段：精馏塔进料板以上的部分称为精馏段，其作用是使上升气体与回流液体之间进行传质、传热，逐步增浓汽相中易挥发组分。可以说，它完成了上升气体的精制。

提馏段：精馏塔进料板以下的部分称为提馏段，其作用是使下降的液体中难挥发的组分不断增加。可以说，它完成了下降液体中难挥发组分的提浓。

塔板的功能：提供汽、液直接接触的场所，实现汽-液间的传质和传热。

溢流堰、降液管及板间距的作用：溢流堰保证了塔板上有一定厚度的液层，降液管是液体下降的通道，板间距可实现汽、液混合物的分离。

2. 工艺流程

精馏塔单元操作现场图见图1。主要设备、仪表位号见表1，现场阀门见表2，仪表列表见表3，物流平衡数据见表4。

表1　主要设备、仪表位号

序号	位号	名称	序号	位号	名称
1	T101	精馏塔	4	E102	再沸器
2	V101	回流罐	5	P101A/B	回流泵
3	E101	塔顶冷凝器			

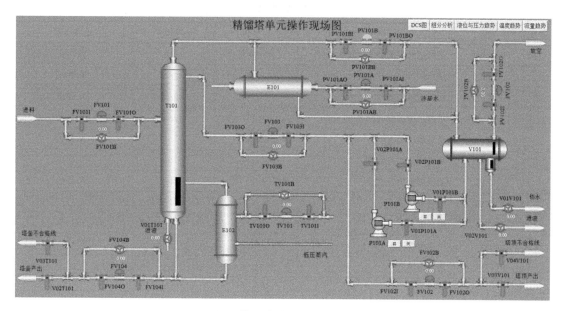

图 1　精馏塔单元操作现场图

表 2　现场阀门

序号	位号	名称	序号	位号	名称
1	FV101I	进料控制阀 FV101 前阀	18	PV101BI	回流罐压力控制阀 PV101B 前阀
2	FV101O	进料控制阀 FV101 后阀	19	PV101BO	回流罐压力控制阀 PV101B 后阀
3	FV101B	进料控制阀 FV101 旁路阀	20	PV101BB	回流罐压力控制阀 PV101B 旁路阀
4	FV102I	塔顶采出控制阀 FV102 前阀	21	PV102I	回流罐压力控制阀 PV102 前阀
5	FV102O	塔顶采出控制阀 FV102 后阀	22	PV102O	回流罐压力控制阀 PV102 后阀
6	FV102B	塔顶采出控制阀 FV102 旁路阀	23	PV102B	回流罐压力控制阀 PV102 旁路阀
7	FV103I	回流量控制阀 FV103 前阀	24	V01P101A	回流泵 P101A 前阀
8	FV103O	回流量控制阀 FV103 后阀	25	V02P101A	回流泵 P101A 后阀
9	FV103B	回流量控制阀 FV103 旁路阀	26	V01P101B	回流泵 P101B 前阀
10	FV104I	塔釜采出控制阀 FV104 前阀	27	V02P101B	回流泵 P101B 后阀
11	FV104O	塔釜采出控制阀 FV104 后阀	28	V01T101	塔釜泄液阀
12	FV104B	塔釜采出控制阀 FV104 旁路阀	29	V01V101	回流罐切水阀
13	TV101I	塔中温度控制阀 TV101 前阀	30	V02V101	回流罐泄液阀
14	TV101O	塔中温度控制阀 TV101 后阀	31	V02T101	塔釜产出阀
15	PV101AI	回流罐压力控制阀 PV101A 前阀	32	V03V101	塔顶采出阀
16	PV101AO	回流罐压力控制阀 PV101AO 后阀	33	TV101	塔中温度控制阀
17	PV101AB	回流罐压力控制阀 PV101A 旁路阀	34	TV101B	塔中温度控制阀 TV101 旁路阀

表 3 仪表列表

序号	位号	名称	正常值	单位	正常工况
1	FIC101	进料流量控制器	15000	kg/h	投自动
2	FIC102	塔顶采出流量控制器	7178	kg/h	投串级
3	FIC103	回流量控制器	14357	kg/h	投自动
4	FIC104	塔釜采出流量控制器	7521	kg/h	投串级
5	TIC101	塔釜温度控制器	109.3	℃	投自动
6	PIC101	回流罐压力控制器	4.25	atm	投自动
7	PIC102	回流罐压力控制器	4.25	atm	投自动
8	TI102	进料温度	67.8	℃	
9	TI103	塔顶温度	46.5	℃	
10	TI104	回流温度	39.1	℃	
11	TI105	塔釜温度	109.3	℃	

注：1atm＝101325Pa。

表 4 物流平衡数据

物流	位号	正常数据	单位
进料	流量(FIC101)	15000	kg/h
	温度(TI102)	67.8	℃
塔釜产品	流量(FIC104)	7521	kg/h
	温度(TI105)	109.3	℃
塔顶产品	温度(TI104)	39.1	℃
	压力(PIC102)	4.25	atm
	液相流量(FIC102)	7178	kg/h
	汽相流量(放空不凝性气体)	300	kg/h

本仿真对象是采用加压精馏塔 T101（简称 C4 塔）分离来自脱丙烷塔（简称 C3 塔）的釜液（主要含有 C3、C4、C5、C6、C7）。经精馏分离后，C4 塔顶馏出液为高纯度的 C4 产品，釜液主要是 C5 及以上组分。67.8℃的原料液在 FIC101 的控制下由精馏塔中部进料，塔顶蒸汽经 E101 几乎全部冷凝为液体进入 V101，V101 的液体由泵 P101A/B 抽出，一部分作为回流，另一部分作为塔顶产品采出。C4 塔底釜液一部分在 FIC104 的控制下作为塔釜产品采出，另一部分经 E102 加热汽化回到 C4 塔，E102 的加热量由 TIC101 控制蒸汽的流量来控制，进而控制塔内温度。学生打开软件后，可以看到通过软件提供的 DCS 控制图中塔釜液位 LIC101、回流罐液位 LIC102、进料流量 FIC101 等相关控制参数。

3. 复杂控制系统原理

（1）分程控制 塔 T101 的塔顶压力由 PIC101 和 PIC102 共同控制。其中 PIC101 为分程控制器（输出信号用 OP 表示，其数值为 0%～100%），当压力过低时，PIC101 控制塔顶气流不经过塔顶冷凝器直接进入 V101，PIC101 的另一阀门控制塔顶返回的冷凝水量；在高压情况下，PIC102 通过控制从回流罐采出的气体流量来控制压力。PIC101 分程控制示意图见图 2。图 2 中纵坐标为阀开度，"A"和"B"分别代表控制器控制的阀 PV101A 和阀 PV101B。

（2）串级控制系统　T101 塔釜液位控制采取串级控制方案：LIC101 → FIC104 → FV104，即以 LIC101 为主回路，FIC104 为副回路，构成串级控制系统。

T101 塔顶 C4 去产品罐的流量与 V101 液位构成串级控制：LIC102 → FIC102 → FV102，即以 LIC102 为主回路，FIC102 为副回路，构成串级控制系统。

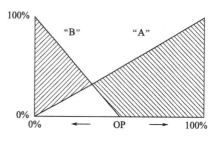

图 2　PIC101 分程控制示意图

三、仿真实验内容及操作规程

1. 冷态开车

（1）进料及排放不凝气

① 打开 PV101B 前截止阀 PV101BI 和后截止阀 PV101BO。

② 打开 PV102 前截止阀 PV102I 和后截止阀 PV102O。

③ 微开 PV102，排出塔内不凝气。

④ 打开 FV101 前截止阀 FV101I 和后截止阀 FV101O。

⑤ 向 C4 塔进料：缓慢打开 FV101，维持进料量在 15000kg/h 左右。

⑥ 当塔顶压力升高至 0.5atm（表压）时，关闭 PV102。

⑦ 塔顶压力大于 1.0atm，不超过 4.25atm。

（2）启动再沸器

① 打开 PV101A 前截止阀 PV101AI 和后截止阀 PV101AO。

② 待塔顶压力 PC101 升至 0.5atm（表压）时，逐渐打开冷却水控制阀 PV101A 至开度 50%。

③ 打开 TV101 前截止阀 TV101I 和后截止阀 TV101O。

④ 待塔釜液位 LC101 升至 20% 以上，稍增加 TIC101 控制器的输出值，给再沸器缓慢加热。

⑤ 逐渐开大 TV101，使塔釜温度逐渐上升至 100℃。

（3）建立回流

① 当回流罐液位 LIC102 大于 20% 以上，打开回流泵 P101A 入口阀 V01P101A。

② 启动 P101A。

③ 打开泵出口阀 V02P101A。

④ 当回流罐液位 LIC102 大于 20% 以上，打开回流泵 P101B 入口阀 V01P101B。

⑤ 启动 P101B。

⑥ 打开泵出口阀 V02P101B。

⑦ 打开 FV103 前截止阀 FV103I。

⑧ 打开 FV103 后截止阀 FV103O。

⑨ 手动打开控制阀 FV103，维持回流罐液位升至 40% 以上。

⑩ 回流罐液位 LIC102 维持在 50% 左右。

⑪ 当回流罐液位 LIC102 大于 20% 以上时打开 P101A 入口阀 V01P101A。

（4）调整至正常

① 待塔压升至 4atm 时，将 PIC102 设置为自动。

② 设定 PIC102 为 4.25atm。

③ 待塔压稳定在 4.25atm 时，将 PIC101 设置为自动。

④ 设定 PIC101 为 4.25atm。

⑤ 待进料量稳定在 15000kg/h 后，将 FIC101 设置为自动。

⑥ 塔釜温度 TIC101 稳定在 109.3℃后，将 TIC101 设置为自动。

⑦ 打开控制阀 FV103，使 FIC103 流量接近 14357kg/h。

⑧ 当 FIC103 流量稳定在 14357kg/h 后，将其设置为自动。

⑨ 打开 FV104 前截止阀 FV104I 和后截止阀 FV104O。

⑩ 打开塔釜产出阀 V02T101。

⑪ 当塔釜液位无法维持时（大于 35％），逐渐打开 FV104，采出塔釜产品。

⑫ 塔釜液位 LIC101 维持在 50％左右。

⑬ 当塔釜产品采出量稳定在 7521kg/h 时，将 FIC104 设置为自动。

⑭ 设定 FIC104 为 7521kg/h，FIC104 改为串级控制。

⑮ 将 LIC101 设置为自动，

⑯ 设定 LIC101 为 50％。

⑰ 打开 FV102 前截止阀 FV102I 和后截止阀 FV102O。

⑱ 打开塔顶采出阀 V03V101。

⑲ 当回流罐液位无法维持时，逐渐打开 FV102，采出塔顶产品。

⑳ 待产出稳定在 7178kg/h，将 FIC102 设置为自动，设定 FIC102 为 7178kg/h。

㉑ 将 LIC102 设置为自动。

㉒ 设定 LIC102 为 50％。

㉓ 将 FIC102 设置为串级。

㉔ 塔顶产品采出量稳定在 7521kg/h。

2. 停车操作规程

（1）降负荷

① 手动逐步关小控制阀 FV101，使进料量降至正常进料量的 70％。保持塔压 PIC101 的稳定性。

② 断开 LIC102 和 FIC102 的串级，手动开大 FV102，使液位 LIC102 降至 20％容积。

③ 断开 LIC101 和 FIC104 的串级，手动开大 FV104，使液位 LIC101 降至 30％。

（2）停进料和再沸器

① 停 C4 塔进料，关闭 FV101。

② 关闭 FV101 前截止阀 FV101I 和后截止阀 FV101O。

③ 关闭 TV101；关闭 TV101 前截止阀 TV101I 和后截止阀 TV101O。

④ 停止产品采出，手动关闭 FV104。关闭 FV104 前截止阀 FV104I。关闭后截止阀 FV104O。

⑤ 关闭 V02T101；手动关闭 FV102；关闭 FV102 前截止阀 FV102I 和后截止阀 FV102O；关闭塔顶采出阀 V03V101。

⑥ 打开 V01T101，排出不合格产品。

（3）停回流

① 手动开大 FV103，将回流罐内液体全部打入精馏塔，以降低塔内温度。

② 当回流罐液位降至 0%，停回流，关闭控制阀 FV103。

③ 关闭 FV103 前截止阀 FV103I 和后截止阀 FV103O。

④ 关闭泵出口阀 V02P101A；停泵 P101A；关闭泵入口阀 V01P101A。

（4）降压、降温

① 塔内液体排完后，手动打开 PV102 进行降压。

② 当塔压降至常压后，关闭 PV102，关闭 PV102 前截止阀 PV102I 和后截止阀 PV102O。PIC101 投手动。

③ 关塔顶冷凝器的冷凝水，手动关闭 PV101A。

④ 关闭 PV102A 前截止阀 PV102AI 和后截止阀 PV102AO。

⑤ 当塔釜液位降至 0% 后，关闭泄液阀 V01T101。

四、事故设置

1. 停电

现象：回流泵 P101A 停运，回流中断。处理：

① 将 PIC102 设置为手动。

② 打开 PV102。

③ 将 PIC101 设置为手动。

④ PV101 开度调节至 50%。

⑤ 将 FIC101 设置为手动。

⑥ 关闭 FIC101，停止进料。

⑦ 关闭 FV101 前截止阀 FV101I 和后截止阀 FV101O。

⑧ 将 TIC101 设置为手动。

⑨ 关闭 TIC101。

⑩ 关闭 TV101 前截止阀 TV101I 和后截止阀 TV101O。

⑪ 关闭 FV103 前截止阀 FV103I 和后截止阀 FV103O。

⑫ 将 FIC103 和 FIC104 设置为手动。

⑬ 关闭 FIC104，停止产品采出。

⑭ 关闭 FV104 前截止阀 FV104I 和后截止阀 FV104O。

⑮ 关闭塔釜采出阀 V02T101。

⑯ 将 FIC102 设置为手动。

⑰ 关闭 FIC102，停止产品采出。

⑱ 关闭 FV102 前截止阀 FV102I 和后截止阀 FV102O。

⑲ 关闭塔顶采出阀 V03V101。

⑳ 打开塔釜泄液阀 V01T101。

㉑ 打开阀 V02V101，排出不合格产品。

㉒ 当回流罐液位为 0% 时，关闭 V02V101。

㉓ 关闭泵 P101A 出口阀 V02P101A 和入口阀 V01P101A。

㉔ 当塔釜液位为 0% 时，关闭 V01T101。

㉕ 当塔顶压力降至常压，关闭冷凝器。

㉖ 关闭 PV101A 前截止阀 PV101AI 和后截止阀 PV101AO。

2. 冷凝水中断

现象：塔顶温度上升，塔顶压力升高。处理：

① 将 PIC102 设置为手动。

② 打开回流罐放空阀 PV102。

③ 将 FIC101 设置为手动。

④ 关闭 FIC101，停止进料。

⑤ 关闭 FV101 前截止阀 FV101I 和后截止阀 FV101O。

⑥ 将 TIC101 设置为手动。

⑦ 关闭 TIC101。

⑧ 关闭 TV101 前截止阀 TV101I 和后截止阀 TV101O。

⑨ 将 FIC104 设置为手动。

⑩ 关闭 FIC104，停止产品采出。

⑪ 关闭 FV104 前截止阀 FV104I 和后截止阀 FV104O。

⑫ 将 FIC102 设置为手动。

⑬ 关闭 FIC102，停止产品采出。

⑭ 关闭 FV102 前截止阀 FV102I 和后截止阀 FV102O。

⑮ 打开塔釜泄液阀 V01T101。

⑯ 打开阀 V02V101 排出不合格产品。

⑰ 当回流罐液位为 0％时，关闭 V02V101。

⑱ 关闭泵 P101A 出口阀 V02P101A。

⑲ 停泵 P101A。

⑳ 关闭泵 P101A 入口阀 V01P101A。

㉑ 当塔釜液位为 0％时，关闭 V01T101。

㉒ 当塔顶压力降至常压，关闭冷凝器。

㉓ 关闭 PV101A 前截止阀 PV101AI 和后截止阀 PV101AO。

3. 回流量控制阀 FV103 阀卡

现象：回流量减小，塔顶温度上升，压力增大。处理：

① 将 FIC103 设为手动模式。

② 关闭 FV103 前截止阀 FV103I 和后截止阀 FV103O。

③ 打开旁通阀 FV103B，保持回流。

④ 维持塔内各指标恒定。

4. P101A 故障

现象：P101A 停运，回流中断，塔顶压力、温度上升。处理：

① 开备用泵入口阀 V01P101B。

② 启动备用泵 P101B。

③ 开备用泵出口阀 V02P101B。

④ 关泵出口阀 V02P101A。

⑤ 关泵入口阀 V02P101B。

⑥ 维持塔内各指标恒定。

5. 停蒸汽

现象：加热蒸汽无流量，塔釜温度持续下降。处理：

① 将 PIC102 设置为手动。

② 将 FIC101 设置为手动。

③ 关闭 FIC101，停止进料。

④ 关闭 FV101 前截止阀 FV101I 和后截止阀 FV101O。

⑤ 将 TIC101 设置为手动。

⑥ 关闭 TIC101。

⑦ 关闭 TV101 前截止阀 TV101I 和后截止阀 TV101O。

⑧ 将 FIC104 设置为手动。

⑨ 关闭 FIC104，停止产品采出。

⑩ 关闭 FV104 前截止阀 FV104I 和后截止阀 FV104O。

⑪ 关闭塔釜采出阀 V02T101。

⑫ 将 FIC102 设置为手动。

⑬ 关闭 FIC102，停止产品采出。

⑭ 关闭 FV102 前截止阀 FV102I 和后截止阀 FV102O。

⑮ 打开塔釜泄液阀 V01T101。

⑯ 打开阀 V02V101 排出不合格产品。

⑰ 当回流罐液位 0％时，关闭 V02V101。

⑱ 关闭泵 P101A 出口阀 V02P101A。

⑲ 停泵 P101A。

⑳ 关闭泵 P101A 入口阀 V01P101A。

㉑ 当塔釜液位为 0％时，关闭 V01T101。

㉒ 当塔顶压力至常压，关闭冷凝器。

㉓ 关闭 PV101A 前截止阀 PV101AI 和后截止阀 PV101AO。

6. 加热蒸汽压力过高

现象：加热蒸汽的流量增大，塔釜温度持续上升。处理：TIC101 改为手动状态，适当减小 TIC301 的输出值（即阀门开度）。

待温度稳定后，将 TIC101 改为自动调节，将 TC101 设定为 109.3℃

7. 加热蒸汽压力过低

现象：加热蒸汽的流量减小，塔釜温度持续下降。处理：先将 TIC101 改为手动；适当增大 TIC101 的开度。

待温度稳定后，将 TIC101 改为自动调节，将 TIC101 设定为 109.3℃。

8. 塔釜出料控制阀卡

现象：塔釜出料流量变小，回流罐液位升高。处理：

① 将 FIC104 设为手动模式。

② 关闭 FV104 前截止阀 FV104I 和后截止阀 FV104O。

③ 打开 FV104 旁通阀 FV104B，维持塔釜液位。

9. 仪表风停

现象：所有控制器不能正常工作。处理：

① 打开 PV102 的旁通阀 PV102B。

② 打开 PV101A 的旁通阀 PV101AB。

③ 打开 FV101 的旁通阀 FV101B。

④ 打开 TV101 的旁通阀 TV101B。

⑤ 打开 FV104 的旁通阀 FV104B。

⑥ 打开 FV103 的旁通阀 FV103B。

⑦ 打开 FV102 的旁通阀 FV102B。

⑧ 关闭气闭阀 PV101A 的前截止阀 PV101AI 和后截止阀 PV101AO。

⑨ 关闭气闭阀 PV102 的前截止阀 PV102I 和后截止阀 PV102O。

⑩ 调节旁通阀使 PIC102 为 4.25atm。

⑪ 调节旁通阀使回流罐液位 LIC102 为 50%。

⑫ 调节旁通阀使精馏塔塔釜液位 LIC101 为 50%。

⑬ 调节旁通阀使精馏塔釜温度 TIC101 为 109.3℃。

⑭ 调节旁通阀使精馏塔进料 FIC101 为 15000kg/h。

⑮ 调节旁通阀使精馏塔回流流量 FIC103 为 14357kg/h。

10. 进料压力突然增大

现象：进料流量增大。处理：

① 将 FIC101 改为手动。

② 调节 FV101，使原料液进料达到正常值。

③ 原料液进料流量稳定在 15000kg/h 后，将 FIC101 投自动。

④ 将 FIC101 设定为 15000kg/h。

11. 回流罐液位超高

现象：回流罐液位超高。处理：

① 将 FIC102 设为手动模式。

② 开大阀 FV102。

③ 打开泵 P101B 前阀 V01P101B。

④ 启动泵 P101B。

⑤ 打开泵 P101B 后阀 V02P101B。

⑥ 将 FIC103 设为手动模式。

⑦ 及时调整阀 FV103，使 FIC104 流量稳定在 14357kg/h 左右。

⑧ 当回流罐液位接近正常液位时，关闭泵 P101B 后阀 V02P101B。

⑨ 关闭泵 P101B。

⑩ 关闭泵 P101B 前阀 V01P101B。

⑪ 及时调整阀 FV102，使回流罐液位 LIC102 稳定在 50%。

⑫ LIC102 稳定在 50% 后，将 FIC102 设为串级。

⑬ FIC103 最后稳定在 14357kg/h 后，将 FIC103 设为自动。

⑭ 将 FIC104 的设定值设为 14357kg/h。

12. 原料液进料控制阀卡

现象：进料流量逐渐减少。处理：

① 将 FIC101 设为手动模式。

② 关闭 FV101 前截止阀 FV101I 和后截止阀 FV101O。

③ 打开 FV101 旁通阀 FV101B，维持塔釜液位。

1. 简述本实验精馏塔的主要设备部件。

2. 简述板式塔和填料塔的特点及用途。举出几种板式塔的塔板类型。

3. 写出本实验精馏塔正常工况的工艺条件。

4. 精馏塔开车前必须做好哪些准备工作？

5. 试说明精馏塔冷态开车的一般步骤。

6. 本实验精馏塔开车时如何判断塔釜物料开始沸腾？随着全塔分离度提高，塔釜沸点会如何变化？

7. 回流比如何计算？什么是全回流？说明全回流在塔开车中的作用。

8. 为什么回流罐液位低于 10% 不得开始全回流？

9. 回流量过大会导致什么现象？

10. 什么是灵敏板？该板的温度有何特点？

11. 为什么塔开车时灵敏板温度从 70℃ 左右上升至 78℃ 必须缓慢提升？如何控制？

12. 为什么本实验塔开车时进料负荷必须缓慢提升？进料负荷提升对全塔有何影响？如何调整？

13. 本实验塔顶馏出物合格标准是什么？影响塔顶馏出物组成的主要因素是什么？

14. 本实验塔釜采出物合格标准是什么？影响塔釜采出物合格标准的主要因素是什么？

15. 如果塔顶馏出物不合格且回流罐液位超高，应如何处理？

16. 如果塔釜采出物不合格且塔釜液位超高，应如何处理？

17. 如果塔釜加热量超高会导致什么现象？

18. 本实验物料平衡如何控制？

19. 监测塔压降对了解全塔工况有何重要意义？

20. 解释本塔压力超驰控制的原理。

21. 精馏塔塔顶、塔底液位控制稳定有何重要意义？应该注意什么？

22. 如何达到精馏塔运行的优化操作和节能？

第6章 | 化工原理实训

实验1 流体输送综合实训

一、实训背景

流体是指具有流动性的物体，包括液体和气体。化工生产中所处理的物料大多为流体。这些物料在生产过程中往往需要从一个车间转移到另一个车间，从一个工序转移到另一个工序，从一个设备转移到另一个设备。因此，流体输送是化工生产中最常见的单元操作，做好流体输送工作，对化工生产过程有非常重要的意义。

考虑前期化工原理实验中关于流体流动过程的实验——流体流动阻力测定、离心泵特性曲线测定、流量计校正等实验在安排上比较分散，并且每个实验侧重于化工原理基础知识的掌握，开展能够模拟生产中流体输送过程的综合实训项目对于学生化工工程素养的提升具有重要的实践意义。

二、实训目的

通过本次实训，首先能够使学生熟悉化工过程生产中常用的流体输送方式，即离心泵送料、高位槽送料、压缩空气送料、阻力测定、离心泵串并联等；其次是通过模拟生产工艺系统，能够使学生亲自体验化工生产流体输送过程，熟悉流体输送设备的操作控制，提升学生对实际化工生产的操控能力；最后是通过过程操作，增强团队协作意识、安全意识、经济意识、环保意识等，全面提升学生的综合素质。

三、实训内容

本装置模拟生产工艺过程，设置流量比值调节系统，训练学生对实际化工生产的操作能力。本装置实现的流体输送种类包括：液相输送、气相输送，以及真空输送。通过本装置可以完成相应实验，锻炼学生判断和排除故障的能力。

本装置设计导入了工业泵组、罐区设计的概念，着重于流体输送过程中压力、流量和液位的控制，采用多种流体输送设备（离心泵、压缩机、真空泵）和输送形式（动力输送和静压输送），并引入工业流体输送过程常见安全保护设施。

(1) 液体输送岗位技能训练内容　离心泵的开、停车及流量调节；离心泵的气缚、汽蚀；离心泵的串、并联；离心泵故障联锁。

(2) 气体输送岗位技能训练内容　空压机的开、停车，缓冲罐压力的调节；真空泵的开、停车，真空度调节方法。

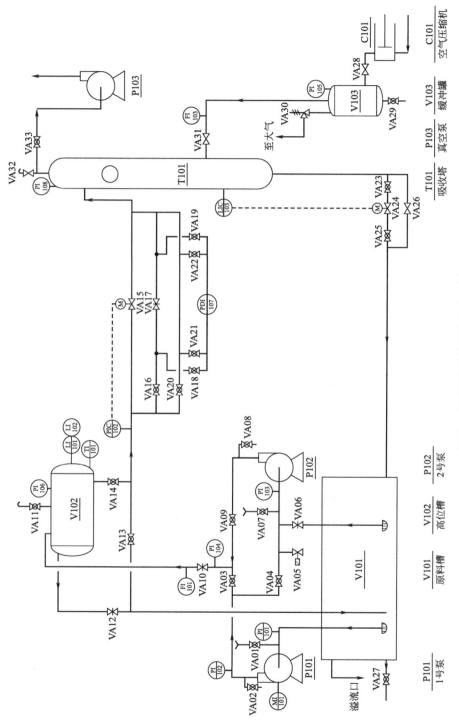

图 1 实训装置带控制点的流程图

（3）设备特性岗位技能训练内容　离心泵特性曲线的测定；管路特性曲线的测定；直管阻力的测定；阀门局部阻力的测定；孔板流量计的校正。

（4）现场工控岗位技能训练内容　各类泵的变频调节、电动调节阀开度调节和手闸阀调节；贮罐液位高低报警及液位调节与控制；气液混合效果操控；液封调节。

（5）化工电气仪表岗位技能训练内容　电磁流量计、涡轮流量计、孔板流量计、电动调节阀、差压变送器、光电传感器、热电阻、压力变送器、功率表、无纸记录仪、闪光报警器及各类就地弹簧指针表等的使用；单回路、串级控制和比值控制等控制方案的实施。

（6）就地及远程控制岗位技能训练内容　现场控制台仪表与微机通讯，实时数据采集及过程监控；总控室控制台 DCS 与现场控制台通讯，各操作工段切换、远程监控、流程组态的上传与下载等。

（7）离心泵故障联锁投运技能训练内容　保证安全生产，2 号泵系统出现故障停运，自动联锁至 1 号泵启动，锻炼学生投运、摘除、检修联锁系统的能力。

四、实训装置和流程

1. 实训装置图

本实训装置带控制点的流程图见图 1。

实训装置立面布置图见图 2。

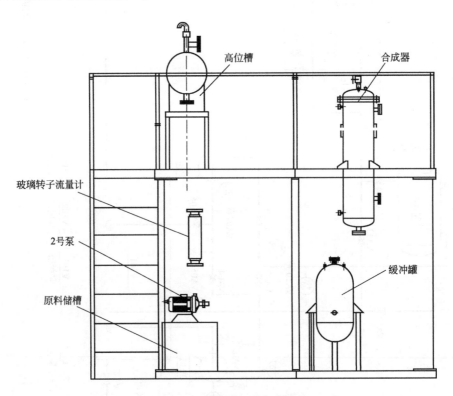

图 2　实训装置立面布置图

实训装置一层平面布置图见图 3。

实训装置二层平面布置图见图 4。

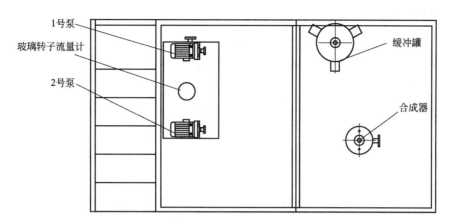

图3 实训装置一层平面布置图

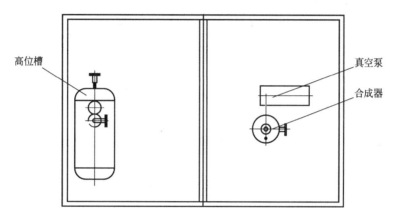

图4 实训装置二层平面布置图

2. 设备一览表

实训操作主要静设备见表1。

表1 实训操作主要静设备一览表

序号	名称	规格/mm	容积/L	材质	结构形式
1	吸收塔	$\phi 325 \times 1300$	110	304不锈钢	立式
2	高位槽	$\phi 426 \times 700$	100	304不锈钢	立式
3	缓冲罐	$\phi 400 \times 500$	60	304不锈钢	立式
4	原料水槽	$1000 \times 600 \times 500$	3000	304不锈钢	立式

实训操作主要动设备见表2。

表2 实训操作主要动设备一览表

序号	名称	规格	数量
1	1号泵	离心泵,功率0.5kW,最大流量6m³/h,电压380V	1
2	2号泵	离心泵,功率0.5kW,最大流量6m³/h,电压380V	1
3	真空泵	旋片式,功率0.37kW,真空度−0.06kPa,电压220V	1
4	空气压缩机	往复空压机,功率2.2kW,最大流量0.25m³/min,电压220V	1

控制柜面板示意图见图 5。

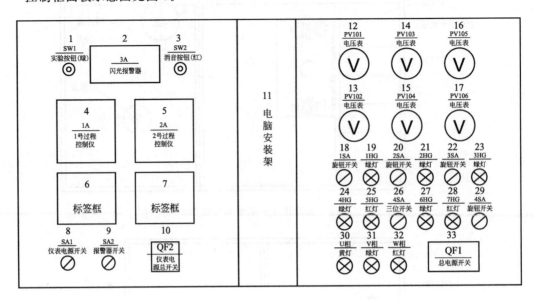

图 5　流体输送综合实训控制柜面板示意图

控制面板对照表见表 3。

表 3　控制面板对照表

序号	名称	功能
1	实验按钮(绿)(SW1)	试音状态
2	闪光报警器(3A)	报警指示
3	消音按钮(红)(SW2)	消除报警声音
4	1 号过程控制仪	C3000 仪表调节仪(1A)
5	2 号过程控制仪	C3000 仪表调节仪(2A)
6	标签框	通道显示表
7	标签框	通道显示表
8	仪表电源开关(SA1)	仪表电源开关
9	报警器开关(SA2)	报警电源开关
10	仪表电源总开关(QF2)	空气开关
11	电脑安装架	安装电脑
12	电压表(PV101)	空气开关电压监控
13	电压表(PV102)	空气开关电压监控
14	电压表(PV103)	1 号离心泵电压监控
15	电压表(PV104)	1 号离心泵电压监控
16	电压表(PV105)	2 号离心泵电压监控
17	电压表(PV106)	2 号离心泵电压监控
18	旋钮开关(1SA)	电磁流量计电源开关
19	绿灯(1HG)	电磁流量计通电指示
20	旋钮开关(2SA)	吸收塔液位调节阀电源开关

续表

序号	名称	功能
21	绿灯(2HG)	吸收塔液位调节阀通电指示
22	旋钮开关(3SA)	高位槽液位调节阀电源开关
23	绿灯(3HG)	高位槽液位调节阀通电指示
24	绿灯(4HG)	1号离心泵启动电源开关
25	红灯(5HG)	1号离心泵停止电源开关
26	三位开关(4SA)	联锁开关
27	绿灯(6HG)	2号离心泵启动电源开关
28	红灯(7HG)	2号离心泵停止电源开关
29	旋钮开关(4SA)	真空泵电源开关
30	黄灯	空气开关通电指示(U相)
31	绿灯	空气开关通电指示(V相)
32	红灯	空气开关通电指示(W相)
33	总电源开关(QF1)	空气开关

3. 实训流程

(1) 常压流程　将原料槽V101料液输送到高位槽V102,有三种途径:由1号泵或2号泵输送;1号泵和2号泵串联输送;1号泵和2号泵并联输送。高位槽V102内料液可通过三根平行管(一根可测离心泵特性、一根可测直管阻力、一根可测局部阻力),进入吸收塔T101上部,与下部上升的气体充分接触后,从吸收塔底部排出,返回原料槽V101循环使用。

空气由空气压缩机C101压缩、经过缓冲罐V103后,进入吸收塔T101下部,在塔内与液体充分接触后从顶部放空。

(2) 真空流程　本装置配置了真空系统来输送气体,这时主物料流程同常压流程。操作时,先关闭1号泵和2号泵的灌泵阀,高位槽V102、吸收塔T101的放空阀和进气阀,再启动真空泵P103,系统气体物料由真空泵P103抽出放空。

4. 生产技术指标

在化工生产中,对各工艺变量有一定的控制要求。有些工艺变量对产品的数量和质量起着决定性的作用。有些工艺变量虽不直接影响产品的数量和质量,然而保持其平稳也是使生产获得良好控制的前提。

为了满足实训操作需求,可以有两种方式:一是人工控制;二是自动控制,使用自动化仪表等控制元件来代替人的观察、判断、决策和操作。

先进的控制策略在化工生产过程的推广应用,能够有效提高生产过程的平稳性和产品质量的合格率,对于降低生产成本、节能减排、提升企业的经济效益具有重要意义。

本实训装置各项工艺操作指标如下。

(1) 压力控制　离心泵进口压力: $-15 \sim -6$ kPa;

1号泵单独运行时出口压力: $0.15 \sim 0.27$ MPa(流量为 $0 \sim 6 m^3/h$);

两台泵串联时出口压力: $0.27 \sim 0.53$ MPa(流量为 $0 \sim 6 m^3/h$);

两台泵并联时出口压力: $0.12 \sim 0.28$ MPa(流量为 $0 \sim 7 m^3/h$)。

（2）压降范围　光滑管阻力压降：0～7kPa（流量为0～3m³/h）；局部阻力管阻力压降：0～22kPa（流量为0～3m³/h）。

（3）流量范围　离心泵特性曲线测定流体流量：2～7m³/h；阻力特性测定流体流量：0～3m³/h。

水流量控制方式见图6。

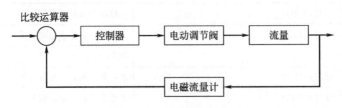

图6　水流量控制方式

（4）液位控制　吸收塔液位：1/3～1/2。吸收塔液位控制方式见图7。

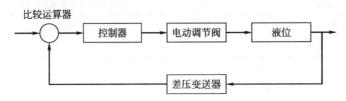

图7　吸收塔液位控制方式

5. 报警联锁

当联锁投运时，将联锁开关切换至投运状态，当2号泵进口压力低于电接点压力表给定值时，2号泵自动停止，1号泵自动开启。

五、实训操作要点

实训操作之前，请仔细阅读实验装置操作规程，以便完成实训操作。开车前应检查所有设备、阀门、仪表所处状态。

1. 开车前准备

（1）检查设备和仪表状态

① 由相关操作人员组成装置检查小组，对本装置所有设备、管道、阀门、仪表、电器、照明、分析仪器、保温设施等按工艺流程图指示和专业技术要求进行检查。

② 检查所有仪表是否处于正常状态。

③ 检查所有设备是否处于正常状态。

（2）试电

① 检查外部供电系统，确保控制柜上所有开关均处于关闭状态。

② 开启外部供电系统总电源开关。

③ 打开控制柜上的总电源开关33（QF1）。

④ 打开仪表电源总开关10（QF2），打开仪表电源开关8。查看所有仪表是否通上电，指示是否正常。

⑤ 将各阀门顺时针旋转到关的状态。检查孔板流量计正压阀和负压阀是否均处于开启状态（实验中保持开启）。

（3）加装实训用水　关闭原料槽排水阀（VA27），向原料槽加水至浮球阀关闭，关闭自来水。

2. 开车

（1）输送过程

① 单泵实验（1号泵）

方法一：开阀VA03，开溢流阀VA12，关阀VA04、阀VA06、阀VA09、阀VA13、阀VA14，将放空阀VA11适当打开。液体直接从高位槽流入原料槽。

方法二：开阀VA03，关溢流阀VA12，关阀VA04、阀VA06、阀VA09、阀VA11、阀VA13、阀VA12、阀VA16、阀VA20、阀VA18、阀VA21、阀VA19、阀VA22、阀VA17、阀VA33、阀VA31。将放空阀VA32适当打开，打开阀VA14、阀VA23、阀VA25或打开旁路阀VA26（适当开度），水从高位槽经吸收塔流入原料槽。

启动1号泵，开阀VA10（泵启动前关闭，泵启动后根据要求开到适当开度），由阀VA10或电动调节阀VA15调节水流量分别为$2m^3/h$、$3m^3/h$、$4m^3/h$、$5m^3/h$、$6m^3/h$、$7m^3/h$。在C3000仪表上或监控软件上观察离心泵特性数据。等待一定时间后（至少5min），记录相关实验数据。

② 泵并联操作

方法一：开阀VA03、阀VA09、阀VA06、阀VA12，关阀VA04、阀VA13、阀VA14，将放空阀VA11适当打开。液体直接从高位槽流入原料槽。

方法二：开阀VA03、阀VA09、阀VA06，关溢流阀VA12，关阀VA04、阀VA11、阀VA13、阀VA12、阀VA16、阀VA20、阀VA18、阀VA21、阀VA19、阀VA22、阀VA17、阀VA33、阀VA31。将放空阀VA32适度打开，打开阀VA14、阀VA23、阀VA25或打开旁路阀VA26（适当开度），水从高位槽经吸收塔流入原料槽。

启动1号泵和2号泵，由阀VA10（泵启动前关闭，泵启动后根据要求开到适当开度）或电动调节阀VA15调节水流量分别为$2m^3/h$、$3m^3/h$、$4m^3/h$、$5m^3/h$、$6m^3/h$、$7m^3/h$，在C3000仪表上或监控软件上观察离心泵特性数据。等待一定时间后（至少5min），记录相关实验数据。

③ 泵串联操作

方法一：开阀VA04、阀VA09、阀VA06、阀VA12，关阀VA03、阀VA13、阀VA14，将放空阀VA11适当打开。水直接从高位槽流入原料槽。

方法二：开阀VA04、阀VA09、阀VA06，关溢流阀VA12，关阀VA03、阀VA11、阀VA13、阀VA12、阀VA16、阀VA20、阀VA18、阀VA21、阀VA19、阀VA22、阀VA17、阀VA33、阀VA31。将放空阀VA32适度打开，打开阀VA14、阀VA23、阀VA25或打开旁路阀VA26（适当开度），水从高位槽经吸收塔流入原料水槽。

启动1号泵和2号泵，由阀VA10（泵启动前关闭，泵启动后根据要求开到适当开度）或电动调节阀VA15调节水流量分别为$2m^3/h$、$3m^3/h$、$4m^3/h$、$5m^3/h$、$6m^3/h$、$7m^3/h$，在C3000仪表上或监控软件上观察离心泵特性数据。等待一定时间后（至少5min），记录相关实验数据。

④ 泵的联锁投运

a. 摘除联锁，启动2号泵至正常运行后，投运联锁。

b. 设定好2号泵进口压力报警下限值，逐步关小阀VA10，检查泵运转情况。

c. 当 2 号泵有异常声音产生、进口压力低于下限时，操作台发出报警，同时联锁启动；2 号泵自动跳闸，停止运转，1 号泵自动启动。

d. 保证流体输送系统的正常稳定进行。

注：投运时，阀 VA03、阀 VA06、阀 VA09 必须打开，阀 VA04 必须关闭。

当单泵无法启动时，应检查联锁是否处于投运状态。

⑤ 真空输送实验

在离心泵处于停车状态下进行。

a. 开阀 VA03、阀 VA06、阀 VA09、阀 VA14。

b. 关阀 VA12、阀 VA13、阀 VA16、阀 VA20、阀 VA23、阀 VA25、阀 VA24、阀 VA26、阀 VA17、阀 VA18、阀 VA21、阀 VA22、阀 VA19，并在阀 VA31 处加盲板。

c. 开阀 VA32、阀 VA33 至适度开度后，再启动真空泵，用阀 VA32、阀 VA33 调节吸收塔内真空度，并保持稳定。

d. 用电动调节阀 VA15 控制水流量，使其在吸收塔内均匀淋下。

e. 当吸收塔内液位达到 1/3～2/3 时，关闭电动调节阀 VA15，开阀 VA23、阀 VA25，并通过电动调节阀 VA24 控制吸收塔内液位稳定。

⑥ 配比输送

以水和压缩空气作为配比介质，模仿实际的流体介质配比操作。以压缩空气的流量为主流量，以水作为配比流量。

a. 检查阀 VA31 处的盲板是否已抽除，以及阀 VA31 是否在关闭状态。

b. 开阀 VA32、阀 VA03，关溢流阀 VA12，关阀 VA04、阀 VA28、阀 VA31、阀 VA06、阀 VA09、阀 VA11、阀 VA13、阀 VA12、阀 VA16、阀 VA20、阀 VA18、阀 VA21、阀 VA19、阀 VA22、阀 VA17、阀 VA33、阀 VA31。将放空阀 VA32 适当打开，打开阀 VA14、阀 VA23、阀 VA25 或打开旁路阀 VA26（适当开度），水从高位槽经吸收塔流入原料槽。

c. 按上述步骤启动 1 号水泵，调节 VA10 使 FI101 流量在 $4m^3/h$ 左右，并调节吸收塔液位在 1/3～2/3。

d. 启动空气压缩机，缓慢开启阀 VA28，观察缓冲罐压力上升速度，控制缓冲罐压力 $\leqslant 0.1MPa$。

e. 当缓冲罐压力达到 0.05MPa 以上时，缓慢开启阀 VA31，向吸收塔送空气，并调节 VA10 使 FI103 流量在 $8～10m^3/h$（标准状态）。

f. 据配比需求，调节 VA32 的开度，观察流量大小。

若投自动，则在 C3000 仪表中设定配比值 [（1∶2）、（1∶1）或（1∶3）]；进行自动控制。

（2）管路阻力实验

① 光滑管阻力测定

在上述单泵操作的基础上，启动 1 号泵，开阀 VA03、阀 VA14、阀 VA20、阀 VA21、阀 VA22、阀 VA23、阀 VA25、旁路阀 VA26，关阀 VA04、阀 VA09、阀 VA06、阀 VA13、阀 VA16、阀 VA17、阀 VA18、阀 VA19、电动调节阀 VA15、阀 VA33、阀 VA31，阀 VA32 适度打开。用阀 VA10（泵启动前关闭，泵启动后根据要求开到适当开度）或电动调节阀 VA15 调节流量分别为 $1m^3/h$、$1.5m^3/h$、$2m^3/h$、$2.5m^3/h$、$3m^3/h$，记录

光滑管阻力测定数据。

②局部阻力管阻力测定

由光滑管阻力测定进行操作状态切换，即：启动 1 号泵，开阀 VA03、阀 VA14、阀 VA16、阀 VA18、阀 VA19、阀 VA23、阀 VA25、旁路阀 VA26，关阀 VA04、阀 VA09、阀 VA06、阀 VA13、阀 VA20、阀 VA21、阀 VA22、电动调节阀 VA15、阀 VA33、阀 VA31，阀 VA32 适度打开。用阀 VA10（泵启动前关闭，泵启动后根据要求开到适当开度）或电动调节阀 VA15 调节流量分别为 $1m^3/h$、$1.5m^3/h$、$2m^3/h$、$2.5m^3/h$、$3m^3/h$，记录局部阻力管阻力测定数据。

六、实训注意事项

1. 使用装置前，首先检查本装置的外部供电系统，本装置供电电压为 380V，频率为 50Hz。
2. 外部供电意外停电时请切断装置总电源，以防重新通电时运转设备突然启动而产生危险。
3. 定期组织学生进行系统检修演练。
4. 团队成员之间应该密切协作，相互配合。
5. 为了防止触电或者产生错误动作和事故，在确认安装完成之前，请不要接通电源。
6. 接通电源后，请不要触摸接线端子，否则会有触电危险。
7. 在装置接通电源的状态下，不要把水溅到控制柜的仪表以及接线端子上，否则会有漏电、触电或火灾的危险。
8. 切断电源并挂上禁止通电警示牌后，才可以进行设备单元的拆卸或检修，否则会有触电危险。
9. 实验物料请勿直接排入生活地沟。
10. 系统运行结束后，相关操作人员应对设备进行维护，对现场、设备、管路、阀门进行清理后，方可离开现场。
11. 请勿使运转设备长时间闭阀运行。

七、实验数据记录

设计实验数据记录表。表格应包含实验序号、时间、高位槽液位、1 号泵进口压力、1 号泵出口压力、2 号泵进口压力、2 号泵出口压力、缓冲罐压力、压缩空气流量、进吸收塔水流量、吸收塔液位、光滑管阻力、局部管阻力、泵功率、操作记录及异常情况等。实验数据记录表的表头应包含操作学生姓名、操作时间等。

八、实训数据处理及结果分析讨论的要求

1. 进行管路阻力（光滑管沿程阻力、阀门局部阻力）计算，并对结果进行分析。
2. 作出离心泵（单泵、双泵）特性曲线，并对结果和过程进行分析讨论。
3. 对实验中输送液体流经的转子流量计、涡轮流量计等进行流量校正。

 思考题

1. 如何通过调节与控制来保持高位槽液位恒定？

2. 如何通过调节与控制来实现压缩机排气压力保持稳定？

3. 真空输送时，合成塔（或吸收塔）顶部阀门应处于什么状态？

4. 真空泵启动会给输送过程产生怎样的影响？

5. 如何使控制面板上显示的高位槽液位和实际液位之间达到匹配？

6. 如何使控制面板上显示的合成塔（或吸收塔）液位和实际液位之间达到匹配？

附　录

附表 1　主要阀门一览表

序号	编号	名称	序号	编号	名称
1	VA01	1号泵灌泵阀	18	VA18	局部阻力管高压引压阀
2	VA02	1号泵排气阀	19	VA19	局部阻力管低压引压阀
3	VA03	并联2号泵支路阀	20	VA20	光滑管阀
4	VA04	双泵串联支路阀	21	VA21	光滑管高压引压阀
5	VA05	电磁阀故障点	22	VA22	光滑管低压引压阀
6	VA06	2号泵进水阀	23	VA23	进电动调节阀手动阀
7	VA07	2号泵灌泵阀	24	VA24	吸收塔液位控制电动调节阀
8	VA08	2号泵排气阀	25	VA25	出电动调节阀手动阀
9	VA09	并联1号泵支路阀	26	VA26	吸收塔液位控制旁路手动阀
10	VA10	流量调节阀	27	VA27	原料槽排水阀
11	VA11	高位槽放空阀	28	VA28	空压机送气阀
12	VA12	高位槽溢流阀	29	VA29	缓冲罐排污阀
13	VA13	高位槽回流阀	30	VA30	缓冲罐放空阀
14	VA14	高位槽出口流量手动调节阀	31	VA31	吸收塔气体入口阀
15	VA15	高位槽出口流量电动调节阀	32	VA32	吸收塔放空阀
16	VA16	局部阻力管阀	33	VA33	抽真空阀
17	VA17	局部阻力阀			

附表 2　C3000 仪表（A）各通道显示数据一览表

输入通道					
通道序号	通道显示	位号	单位	信号类型	量程
第一通道	高位槽温度	TI101	℃	4～20mA	0～50
第二通道	1号泵进口压力	PI101	MPa	4～20mA	−0.1～0.2
第三通道	1号泵出口压力	PI102	MPa	4～20mA	0.0～0.3
第四通道	吸收塔进水直管阻力压差	PDI107	kPa	4～20mA	0～30

附表3　C3000 仪表（B）各通道显示数据一览表

输入通道					
通道序号	通道显示	位号	单位	信号类型	量程
第一通道	吸收塔液位	LI103	mm	4～20mA	0～1200
第二通道	高位槽液位	LI101	mm	4～20mA	0～400
第三通道	高位槽出口流量	FIC102	m³/h	4～20mA	0～25
第四通道	气体流量	FI103	m³/h	4～20mA	0～12
第五通道	离心泵功率	WI101	W	4～20mA	0～1500
第六通道	离心泵转速	SI101	r/min	4～20mA	0～3000
输出通道					
第一通道	吸收塔液位控制	LV103	%	4～20mA	0～100
第二通道	水路流量控制	FV102	%	4～20mA	0～100

流体输送综合实验装置及数据记录表请扫描下方二维码获取。

流体输送综合实训相关资源

实验2 传热综合实训

一、实训背景

传热过程即热量传递过程。在化工生产过程中，几乎所有的化学反应过程都需要控制温度，这就要涉及传热过程，即将物料加热或冷却到一定的温度。传热主要可分为直接传热和间接传热两大类。在工业生产中，间接传热是主要的传热形式。作为间接传热的设备——换热器，因其所涉介质的不同、传热要求不同，结构形式也不同。

二、实训目的

1.了解换热器换热的原理、认识各种换热器的结构和特点，了解各种换热器的操作方法。

2.认识传热装置流程及各传感检测的方法、作用，以及各显示仪表的作用。

3.掌握传热设备的基本操作、调节方法，了解传热的主要影响因素。

三、实训内容

以水-冷空气、冷空气-热空气、冷空气-蒸汽为体系，选用列管式、板式、套管式等三种形式的换热器开展传热综合实训。

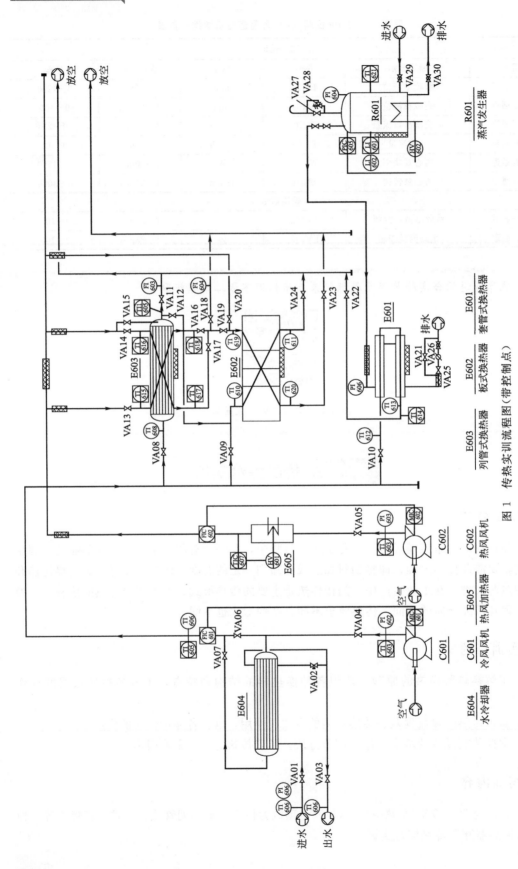

图 1 传热实训流程图（带控制点）

（1）换热体系岗位技能训练内容 冷空气-热空气换热体系，冷热风风机启停，水冷却器操作，热风加热器操作；冷空气-蒸汽换热体系，疏水阀操作。

（2）换热器岗位技能训练内容 套管式换热器操作；列管式换热器操作；板式换热器操作。

（3）换热流程岗位技能训练内容 换热器内的逆、并流操作；各换热器间串、并联操作；各换热体系间逆、并流操作。

（4）现场工控岗位技能训练内容 各风机的变频调节及手阀调节；各热风加热器温度测控；蒸汽输送压力测控；各换热器总传热系数测定。

（5）化工仪表岗位技能训练内容 孔板流量计、变频器、差压变送器、热电阻、无纸记录仪、声光报警器、调压模块及各类就地弹簧指针表等的使用；单回路、串级控制等控制方案的实施。

（6）就地及远程控制岗位技能训练内容 现场控制台仪表与微机通讯，实时数据采集及过程监控；总控室控制台 DCS 与现场控制台通讯，各操作工段切换、远程监控、流程组态的上传与下载等。

四、实训装置和流程

1. 工艺流程图及装置布置图

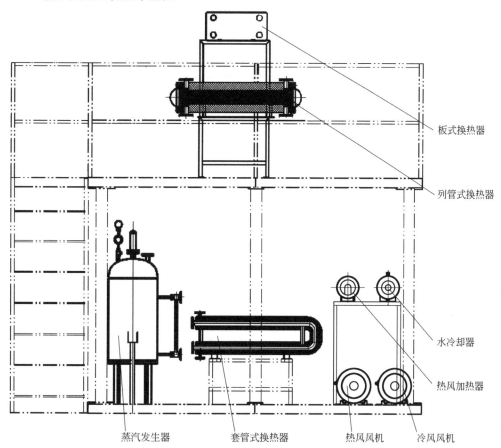

图 2 实训装置立面布置

传热实训流程图（带控制点）见图1。

实训装置立面布置见图2。

实训装置平面＋0.00和＋2.06布置分别见图3和图4。

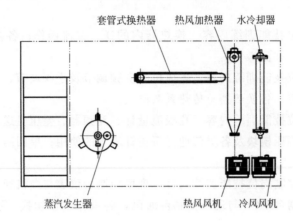

图3　实训装置平面＋0.00布置

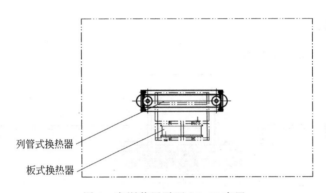

图4　实训装置平面＋2.06布置

设备一览表见表1和表2。

表1　静设备一览表

编号	名称	规格型号	材质	形式
1	列管式换热器	φ260mm×1170mm，传热面积1.0m²	不锈钢	卧式
2	板式换热器	550mm×150mm×250mm，传热面积1.0m²	不锈钢	卧式
3	套管式换热器	φ500mm×1250mm，传热面积0.2m²	不锈钢	卧式
4	水冷却器	φ108mm×1180mm，传热面积0.3m²	不锈钢	卧式
5	蒸汽发生器（含汽包）	φ426mm×870mm，加热功率7.5kW	不锈钢	立式
6	热风加热器	φ190mm×1120mm，加热功率4.5kW	不锈钢	卧式

表2　动设备一览表

编号	名称	规格型号	数量
1	热风风机	风机功率1.1kW，流量风量180m³/h，电压380V	1
2	冷风风机	风机功率1.1kW，流量风量180m³/h，电压380V	1

控制面板图及面板对照表见图5及表3。

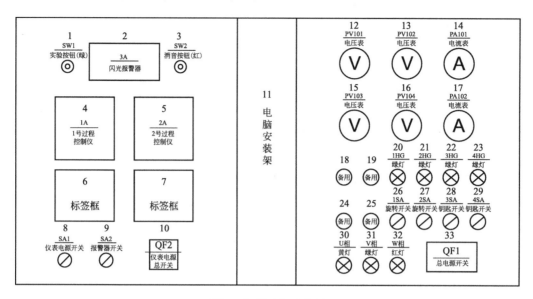

图5 控制面板示意图

表3 控制面板对照表

序号	名称	功能
1	实验按钮(绿)(SW1)	检查声光报警系统是否完好
2	闪光报警器(3A)	发出报警信号,提醒操作人员
3	消音按钮(红)(SW2)	消除警报声音
4	1号过程控制仪	C3000仪表调节仪(1A)
5	2号过程控制仪	C3000仪表调节仪(2A)
6	标签框	注释仪表通道控制内容
7	标签框	注释仪表通道控制内容
8	仪表电源开关(SA1)	仪表电源开关
9	报警器开关(SA2)	报警系统电源开关
10	仪表电源总开关(QF2)	空气开关
11	电脑安装架	
12	电压表(PV101)	热风加热器加热UVA相电压
13	电压表(PV102)	热风加热器加热VAW相电压
14	电流表(PA101)	热风加热器加热电流
15	电压表(PV103)	蒸汽发生器加热UVA相电压
16	电压表(PV104)	蒸汽发生器加热VAW相电压
17	电流表(PA102)	蒸汽发生器加热电流
18		备用
19		备用
20	绿灯(1HG)	冷风风机运行状态电源指示
21	绿灯(2HG)	热风风机运行状态电源指示

序号	名称	功能
22	绿灯(3HG)	热风加热状态电源指示
23	绿灯(4HG)	蒸汽加热状态电源指示
24		备用
25		备用
26	旋钮开关(1SA)	冷风风机运行开关
27	旋钮开关(2SA)	热风风机运行开关
28	钥匙开关(3SA)	热风加热运行开关
29	钥匙开关(4SA)	蒸汽加热运行开关
30	黄灯	空气开关通电状态指示(U相)
31	绿灯	空气开关通电状态指示(V相)
32	红灯	空气开关通电状态指示(W相)
33	总电源开关(QF1)	空气开关

2. 各项工艺操作指标

(1) 压力控制　蒸汽发生器内压力：0～0.1MPa；套管式换热器内压力：0～0.05MPa。

(2) 温度控制　热风加热器出口热风温度：0～80℃，高位报警：$H=100℃$；水冷却器出口冷风温度：0～30℃；列管式换热器冷风出口温度：40～50℃，高位报警：$H=70℃$。

(3) 流量控制　冷风流量：15～60m³/h；热风流量：15～60m³/h。

(4) 液位控制　蒸汽发生器液位：200～500mm，低位报警：$L=200mm$。

五、实训操作要点

1. 开车前准备

(1) 由相关操作人员组成装置检查小组，对本装置所有设备、管道、阀门、仪表、电器、保温设施等按工艺流程图指示和专业技术要求进行检查。

(2) 检查所有仪表是否处于正常状态。

(3) 检查所有设备是否处于正常状态。

(4) 试电

① 检查外部供电系统，确保控制柜上所有开关均处于关闭状态。

② 开启总电源开关。

③ 打开控制柜上的总电源开关33（QF1）。

④ 打开装置仪表电源总开关10（QF2），打开仪表电源开关SA1（8），查看所有仪表是否通上电，指示是否正常。

⑤ 将各阀门顺时针旋转到关闭的状态。检查孔板流量计正压阀和负压阀是否均处于开启状态（实验中保持开启）。

(5) 准备原料。接通自来水管，打开阀门VA29，向蒸汽发生器内通入自来水，使液位达到其最高值的1/2～2/3处。

2. 开车

(1) 启动热风风机C602　调节风机出口流量FIC602为某一实验值，开启C602热风风机出口阀 VA05，列管式换热器 E603 热风进、出口阀和放空阀（VA13、VA16、VA18），启动热风加热器 E605［首先在仪表 C3000(A) 上手动控制加热功率大小，待温度缓慢升高到实验值时，调为自动］，使热空气温度稳定在 80℃左右。注意：当流量 FIC602≤满量程的 20％时禁止使用热风加热器，而且尽量将风机调到最大功率下运行。

（2）启动蒸汽发生器 R601 启动蒸汽发生器 R601 的电加热装置。给定合适加热功率，控制蒸汽压力 PIC605（0.07～0.1MPa）［首先在仪表 C3000(B) 上手动控制加热功率大小，待压力缓慢升高到实验值时，设为自动］。

注意：当液位 LI601≤最高值的 1/3 时禁止使用电加热器。

（3）列管式换热器开车

① 设备预热。依次开启列管式换热器热风进、出口阀和放空阀（VA13、VA16、VA18），关闭其他与列管式换热器相连接的管路上的阀门，通入热风（风机全速运行），待列管式换热器热风进、出口温度基本一致时，开始下一步操作。

② 并流操作

a. 依次开启列管式换热器冷风进、出口阀（VA08、VA11），热风进、出口阀和放空阀（VA13、VA16、VA18），关闭其他与列管式换热器相连接的管路上的阀门。

b. 启动冷风风机 C601，调节其流量 FIC601 为某一实验值，开启冷风风机出口阀 VA04，开启水冷却器 E604 空气出口阀 VA07 和水冷却器进、出水阀（VA01、VA03）。通过阀 VA01 调节冷却水流量，通过阀 VA06 使冷空气温度 TI605 稳定在 30℃左右（其控温方法为手动）。

c. 调节热风进口流量 FIC602 为某一实验值、热风加热器出口温度 TI607 稳定（控制在 80℃左右）。调节热风电加热器加热功率，控制热风出口温度稳定。待列管式换热器冷、热风进、出口温度基本稳定时，可认为换热器基本达到热平衡，记录相应的工艺参数。

d. 保持冷风或热风之一的流量不变，改变另一个的流量，从小到大，做 3～4 组数据，做好操作记录。

③ 逆流操作

a. 依次开启列管式换热器冷风进、出口阀（VA08、VA11），热风进、出口阀和放空阀（VA14、VA17、VA18），关闭其他与列管式换热器相连接的管路上的阀门。

b. 启动冷风风机 C601，调节其流量 FIC601 为某一实验值，开启冷风风机出口阀 VA04，开启水冷却器 E604 空气出口阀 VA07 和水冷却器进、出水阀（VA01、VA03）。通过阀 VA01 调节冷却水流量，通过阀 VA06 使冷空气温度 TI605 稳定在 30℃左右（其控温方法为手动）。

c. 调节热风进口流量 FIC602 为某一实验值、热风加热器出口温度 TI607 稳定（控制在 80℃左右），调节热风电加热器加热功率，控制热风出口温度稳定。待列管式换热器冷、热风进、出口温度基本稳定时，可认为换热器基本达到热平衡，记录相应的工艺参数。

d. 保持冷风或热风之一的流量不变，改变另一个的流量，从小到大，做 3～4 组数据，做好操作记录。

（4）板式换热器开车

① 设备预热。开启板式换热器热风进口阀（VA20），关闭其他与板式换热器相连接的管路上的阀门，通入热风（风机全速运行），待板式换热器热风进、出口温度基本一致时，开始下一步操作。

②　依次开启板式换热器冷风进口阀（VA09）、热风进口阀（VA20），关闭其他与板式换热器相连接的管路上的阀门。

③　启动冷风风机 C601，调节其流量 FIC601 为某一实验值，开启冷风风机出口阀 VA04，开启水冷却器空气出口阀 VA07 和水冷却器进、出水阀（VA01、VA03），通过阀 VA01 调节冷却水流量，通过阀 VA06 使冷风温度 TI605 稳定在 30℃左右（其控温方法为手动）。

④　调节热风进口流量 FIC602 为某一实验值、热风加热器出口温度 TI607 稳定（控制在 80℃左右）。调节热风电加热器加热功率，控制热风出口温度稳定。待板式换热器冷、热风进出口温度基本恒定时，可认为换热器基本达到热平衡，记录相应的工艺参数。

⑤　保持冷风或热风之一的流量不变，改变另一个的流量，从小到大，做 3～4 组数据，做好操作记录。

（5）列管式换热器（并流）、板式换热器串联开车

①　设备预热。依次开启列管式换热器热风进口阀（VA13）、热管式换热器热风出口阀（并流）（VA16）、列管式换热器热风出口阀（列管式与板式串联时）（VA19），关闭其他与列管式、板式换热器相连接的管路上的阀门，通入热风（风机全速运行），待列管式换热器并流热风进口温度 TI615 与板式换热器热风出口温度 TI620 基本一致时，开始下一步操作。

②　依次开启冷风管路阀（VA08、VA12）；热风管路阀（VA13、VA16、VA19），关闭其他与列管式换热器、板式换热器相连接的管路上的阀门。

③　启动冷风风机 C601，调节其流量 FIC601 为某一实验值，开启冷风风机出口阀 VA04，开启水冷却器空气出口阀 VA07 和水冷却器进、出水阀（VA01、VA03），通过阀 VA01 调节冷却水流量，通过阀 VA06 使冷风温度 TI605 稳定在 30℃左右（其控温方法为手动）。

④　调节热风出口流量 FIC602 为某一实验值、热风加热器出口温度 TI607 稳定（控制在 80℃左右）。调节热风电加热器加热功率，控制热风出口温度稳定。待列管式换热器冷、热风进口温度和板式换热器冷、热风出口温度基本恒定时，可认为换热器基本达到热平衡，记录相应的工艺参数。

⑤　保持冷风或热风之一的流量不变，改变另一个的流量，从小到大，做 3～4 组数据，做好操作记录。

（6）列管式换热器（逆流）、板式换热器串联开车

①　设备预热。依次开启列管式换热器热风进口阀（VA14）、列管式换热器热风出口阀（VA17）、列管式换热器热风出口阀（列管式与板式串联时）（VA19），关闭其他与列管式、板式换热器相连接的管路上的阀门，通入热风（风机全速运行），待列管式换热器逆流热风进口温度 TI616 与板式换热器热风出口温度 TI620 基本一致时，开始下一步操作。

②　依次开启冷风管路阀（VA08、VA12）；热风管路阀（VA14、VA17、VA19），关闭其他与列管式换热器、板式换热器相连接的管路上的阀门。

③　启动冷风风机 C601，调节其流量 FIC601 为某一实验值，开启冷风风机出口阀 VA04，开启水冷却器空气出口阀 VA07 和水冷却器进、出水阀（VA01、VA03），通过阀 VA01 调节冷却水流量，通过阀 VA06 使冷风温度 TI605 稳定在 30℃左右（其控温方法为手动）。

④　调节热风进口流量 FIC602 为某一实验值、热风加热器出口温度 TI607 稳定（控制在 80℃左右）。调节热风电加热器加热功率，控制热风出口温度稳定。待列管式换热器冷、热

风进口温度和板式换热器冷、热风出口温度基本恒定时，可认为换热器基本达到热平衡，记录相应的工艺参数。

⑤ 保持冷风或热风之一的流量不变，改变另一个的流量，从小到大，做 3～4 组数据，做好操作记录。

（7）列管式换热器（并流）、板式换热器并联开车

① 设备预热。依次开启列管式换热器热风进、出口阀（VA13、VA16、VA18）和板式换热器热风进口阀 VA20，关闭其他与列管式、板式换热器相连接的管路上的阀门，通入热风（风机全速运行），待列管式换热器并流热风进、出口温度 TI615 与 TI618 以及板式换热器热风进、出口温度 TI619 与 TI620 基本一致时，开始下一步操作。

② 依次开启冷风管路阀（VA08、VA11、VA09）；热风管路阀（VA13、VA16、VA18、VA20），关闭其他与列管式换热器（逆流）、板式换热器相连接的管路上的阀门。

③ 启动冷风风机 C601，调节其流量 FIC601 为某一实验值，开启冷风风机出口阀 VA04，开启水冷却器空气出口阀 VA07 和水冷却器进、出水阀（VA01、VA03），通过阀 VA01 调节冷却水流量，通过阀 VA06 使冷风温度 TI605 稳定在 30℃左右（其控温方法为手动）。

④ 调节热风进口流量 FIC602 为某一实验值，热风加热器出口温度 TI607（控制在 80℃左右）稳定。调节热风电加热器加热功率，控制热风出口温度稳定。待列管式换热器冷、热风进、出口温度和板式换热器冷、热风进、出口温度基本恒定时，可认为换热器基本达到热平衡，记录相应的工艺参数。

⑤ 保持冷风或热风之一的流量不变，改变另一个的流量，从小到大，做 3～4 组数据，做好操作记录。

（8）列管式换热器（逆流）、板式换热器并联开车

① 设备预热。依次开启列管式换热器热风进、出口阀（VA14、VA17、VA18）和板式换热器热风进口阀 VA20，关闭其他与列管式、板式换热器相连接的管路上的阀门，通入热风（风机全速运行），待列管式换热器逆流热风进、出口温度 TI616 与 TI617 以及板式换热器热风进、出口温度 TI619 与 TI620 基本一致时，开始下一步操作。

② 依次开启冷风管路阀（VA08、VA11、VA09）；热风管路阀（VA14、VA17、VA18、VA20），关闭其他与列管式换热器（逆流）、板式换热器相连接的管路上的阀门。

③ 启动冷风风机 C601，调节其流量 FIC601 为某一实验值，开启冷风风机出口阀 VA04，开启水冷却器空气出口阀 VA07 和水冷却器进、出水阀（VA01、VA03）。通过阀 VA01 调节冷却水流量，通过阀 VA06 使冷风温度 TI605 稳定在 30℃左右（其控温方法为手动）。

④ 调节热风进口流量 FIC602 为某一实验值，热风加热器出口温度 TI607 稳定（控制在 80℃左右）。调节热风电加热器加热功率，控制热风出口温度稳定。待列管式换热器冷、热风进、出口温度和板式换热器冷、热风进、出口温度基本恒定时，可认为换热器基本达到热平衡，记录相应的工艺参数。

⑤ 保持冷风或热风之一的流量不变，改变另一个的流量，从小到大，做 3～4 组数据，做好操作记录。

（9）套管式换热器开车

① 设备预热。依次开启套管式换热器相关阀（VA25、VA26、VA22、VA23、VA24），关闭其他与套管式换热器相连接的管路上的阀门，通入水蒸气，待蒸汽发生器内温度 TI621 和套管式换热器冷风出口温度 TI614 基本一致时，开始下一步操作。注意：首先打开阀

VA25，再缓慢打开阀 VA26，观察套管式换热器进口压力，使其保持在 0.02MPa 以内的某一值。

②控制蒸汽发生器 R601 加热功率，保证其压力和液位在实验范围内。注意调节 VA26，维持套管式换热器内蒸汽压力为 0～0.15MPa 的某一定值。

③打开套管式换热器冷风进口阀 VA10，启动冷风风机 C601，调节其流量 FIC601 为某一实验值。开启冷风风机出口阀 VA04，开启水冷却器空气出口阀 VA07 和水冷却器进、出水阀（VA01、VA03），通过阀 VA01 调节冷却水流量，通过阀 VA06 控制冷风温度稳定在 30℃左右（其控温方法为手动）。

④待套管式换热器冷风进、出口温度和套管式换热器内蒸汽压力基本恒定时，可认为换热器基本达到热平衡，记录相应的工艺参数。

⑤以套管式换热器内蒸汽压力作为恒定量，改变冷风流量，从小到大，做 3～4 组数据，做好操作记录。

3. 停车操作

(1) 停止蒸汽发生器电加热器加热，关闭蒸汽流量调节阀 VA26，开启蒸汽发生器放空阀 VA27，开启套管式换热器蒸汽疏水阀组旁路阀 VA21，使蒸汽系统泄压。

(2) 停热风加热器。

(3) 继续大流量运行冷风风机和热风风机。当冷风风机出口总管温度接近常温时，停冷风及冷风风机出口冷却器冷却水；当热风加热器出口温度 TI607 低于 40℃时，停热风。

(4) 将套管式换热器残留水蒸气冷凝液排净。

(5) 装置系统温度降至常温后，关闭系统所有阀门。

(6) 切断控制台及仪表盘电源。

(7) 清理现场，做好设备、管道、阀门维护工作。

六、实训注意事项

1. 异常现象及处理（表4）

表4 异常现象及处理

异常现象	原因	处理方法
水冷却器冷空气进、出温差小，出口温度高	水冷却器冷却水量不足	增大自来水阀开度
换热器换热效果下降	换热器内不凝气体集聚或冷凝液集聚；换热器管内、外严重结垢	排放不凝气体或冷凝液；对换热器进行清洗
换热器发生振动	冷流体或热流体流量过大	调节冷流体或热流体流量
蒸汽发生器系统安全阀起跳	超压；蒸汽发生器内液位不足，缺水	停止蒸汽发生器电加热，手动放空；严重缺水时（液位计上看不到液位），停止电加热器加热，打开蒸汽发生器放空阀。不得往蒸汽发生器内补水
风机不启动	查看风机变频功率设置是否过低	调大风机的变频功率，再启动

2. 正常操作中的故障扰动（故障设置实训）

在正常操作中，由教师给出隐蔽指令，通过不定时改变某些阀门、加热器或风机的工作状态来扰动传热系统正常的工作状态，分别模拟实际生产过程中的常见故障。学生根据各参数的变化情况、设备运行异常现象，分析故障原因，找出故障，并动手排出故障，以提高学生对工艺流程的认识程度和实际动手能力。

（1）水冷却器出口冷风温度异常　在传热正常操作中，教师给出隐蔽指令，改变冷却水的流向（打开水冷却器出水阀故障阀 VA02，使冷却水短路）。学生通过观察出口冷风温度、冷却水压力等的变化，分析系统异常的原因并作处理，使系统恢复到正常操作状态。

（2）列管式换热器冷风出口流量、热风出口流量与进口流量有差异　在传热正常工作中，教师给出隐蔽指令，改变列管式换热器热风逆流进口的工作状态［打开热风进口阀（逆流）故障阀 VA15，使部分热风不经换热直接随冷风排出］，学生通过观察冷风、热风经过换热前后流量、冷风出口温度的变化，分析系统异常的原因并作处理，使系统恢复到正常操作状态。

3. 工业卫生和劳动保护

老师和学生进入化工单元实训基地后必须佩戴合适的防护手套，无关人员不得进入。

（1）动设备操作安全注意事项

① 启动风机，上电前观察风机的正常运转方向：通电并很快断电，观察风机叶轮转速缓慢降低的过程，判断风机是否正常运转；若运转方向错误，立即调整风机的接线。

② 确认工艺管线、工艺条件正常。

③ 启动风机后看其工艺参数是否正常。

④ 观察有无过大噪声及振动或松动的螺栓。

⑤ 电机运转时不可接触转动件。

（2）静设备操作安全注意事项

① 操作及取样过程中注意防止静电产生。

② 换热器在需清洗或检修时应按安全作业规定进行。

③ 容器应严格按规定的装料系数装料。

4. 正常操作注意事项

（1）经常检查蒸汽发生器运行状况，注意水位和蒸汽压力变化。蒸汽发生器不得干烧，其水位不得低于 400mm，如有异常现象，应及时处理。

（2）经常检查风机运行状况，注意电机温升。

（3）热风加热器运行时，空气流量不得低于 30m³/h。

（4）热风机停车时，热风加热器出口温度 TI607 不得超过 40℃。

（5）在换热器操作中，首先通入热风或水蒸气对设备预热，待设备热风进、出温度基本一致时，再开始传热操作。

（6）做好操作巡检工作。

七、实训数据记录

设计实验数据记录表。表格应包含实验序号、时间、阀门开闭、冷风系统参数（水冷却器进口压力、阀 VA07 的开度、风机出口流量、冷风进口温度、冷风出口温度）、热风系统参数（出口流量、电加热开度、风机出口流量、热风出口流量、热风进口温度、热风出口温度）、操作记事、异常操作记录等。记录表头应包含操作学生姓名、操作时间、指导教师姓名等。

八、实训数据处理及结果分析讨论的要求

1. 计算列管式换热器（单设备，串、并联设备）传热系数，并分析讨论。
2. 计算套管式换热器传热系数，并分析讨论。
3. 计算板式换热器传热系数，并分析讨论。

1. 影响传热膜系数的因素有哪些？
2. 列管式换热器、板式换热器和套管式换热器的优、缺点各是什么？
3. 换热器并联和串联操作的应用场合是什么？

附 录

附表1　主要阀门一览表

序号	编号	名称	序号	编号	名称
1	VA01	水冷却器进水阀	16	VA16	列管式换热器热风出口阀(并流)
2	VA02	水冷却器出水阀故障阀	17	VA17	列管式换热器热风出口阀(逆流)
3	VA03	水冷却器出水阀	18	VA18	列管式换热器热风放空阀(并流)(列管式与板式串联时)
4	VA04	冷风风机出口阀	19	VA19	列管式换热器热风出口阀(列管式与板式串联时)
5	VA05	热风风机出口阀	20	VA20	板式换热器热风进口阀
6	VA06	水冷却器空气出口旁路阀	21	VA21	套管式换热器蒸汽疏水旁路阀
7	VA07	水冷却器空气出口阀	22	VA22	套管式换热器气体放空阀
8	VA08	列管式换热器冷风进口阀	23	VA23	套管式换热器蒸汽疏水阀
9	VA09	板式换热器冷风进口阀	24	VA24	套管式换热器排液阀
10	VA10	套管式换热器冷风进口阀	25	VA25	蒸汽出口阀
11	VA11	列管式换热器冷风出口阀	26	VA26	蒸汽流量调节阀
12	VA12	列管式换热器冷风出口阀(列管式与板式串联时)	27	VA27	蒸汽发生器放空阀
13	VA13	列管式换热器热风进口阀(并流)	28	VA28	蒸汽发生器安全阀
14	VA14	列管式换热器热风进口阀(逆流)	29	VA29	蒸汽发生器进水阀
15	VA15	列管式换热器热风进口阀(逆流)故障阀	30	VA30	蒸汽发生器排污阀

附表2 C3000 仪表部分通道显示数据一览表

C3000 仪表（A）

输入通道

通道序号	通道显示	位号	信号类型	量程/℃
第一通道	冷风风机出口温度	TI603	4～20mA	0～100
第二通道	热风风机出口温度	TI604	4～20mA	0～100
第三通道	冷却器出口冷空气温度	TI605	4～20mA	0～100
第四通道	热风加热器出口热空气温度	TI607	4～20mA	0～150
第五通道	列管式出口冷空气温度	TI609	4～20mA	0～100
第六通道	套管式出口冷空气温度	TI614	4～20mA	0～100
第七通道	列管式并流进口热空气温度	TI615	4～20mA	0～150
第八通道	列管式逆流进口热空气温度	TI616	4～20mA	0～150

输出通道

第一通道	热风加热器出口温度	TI602		

报警通道

通道序号	通道显示	报警值	开关量通道
第五通道	列管式出口冷空气温度高报	100	R01

C3000 仪表（B）

输入通道

通道序号	通道显示	位号	信号类型	量程
第一通道	列管式逆流出口热空气温度	TI617	4～20mA	0～100℃
第二通道	列管式并流出口热空气温度	TI618	4～20mA	0～150℃
第三通道	蒸汽发生器温度	TI621	4～20mA	0～150℃
第四通道	蒸汽发生器压力	PIC605	4～20mA	0～0.35MPa
第五通道	冷风风机出口流量	FIC601	4～20mA	0～100m³/h
第六通道	热风风机出口流量	FIC602	4～20mA	0～100m³/h
第七通道	蒸汽发生器液位	LIC602	4～20mA	0～5kPa

输出通道

第一通道	蒸汽压力控制	PIC605		
第二通道	冷风风机流量	FIC601		
第三通道	热风风机流量	FIC602		

报警通道

通道序号	通道显示	报警值	开关量通道
第七通道	蒸汽发生器液位低	400	R02

注：设备出厂前参数已设定好，不必进行重新设定。

传热综合实训装置介绍及数据记录表请扫描下方二维码查看。

传热综合实训相关资源

实验3　精馏综合实训

一、实训背景

精馏是一种属于传质分离的单元操作，广泛应用于炼油、化工、轻工等领域。其原理是加热料液使它部分汽化，易挥发组分在蒸汽中得到增浓，难挥发组分在剩余液中也得到增浓，这就在一定程度上实现了两组分的分离。两组分的挥发能力相差越大，则上述的增浓程度也越大。在精馏综合实训中，使部分汽化的液相与部分冷凝的汽相直接接触，以进行汽液相际传质，结果是汽相中的难挥发组分部分转入液相，液相中的易挥发组分部分转入汽相，也即同时实现了液相的部分汽化和汽相的部分冷凝。同时，精馏实训还需要物料的贮存、输送、传热、分离、控制等设备和仪表支持。

二、实训目的

为了降低学生实训过程中的危险性，采用水-乙醇作为精馏体系，进行间歇精馏和连续精馏实训。

三、实训内容

1. 间歇精馏岗位技能训练内容

再沸器温控操作；塔釜液位测控操作；采出液浓度与产量联调操作。

2. 连续精馏岗位技能训练内容

全回流状况下全塔性能测定；连续进料时部分回流操作；回流比调节；冷凝系统水量及水温调节；进料预热系统调节；塔视镜及分配罐状况控制。

3. 精馏现场工控岗位技能训练内容

再沸器温控操作；塔釜液位测控操作；采出液浓度与产量联调操作；冷凝系统水量及水温调节；进料预热系统调节；塔视镜及分配罐状况控制。

4. 质量控制岗位技能训练内容

全塔温度/浓度分布检测；全塔、各液相检测点取样分析操作；塔的流体力学状态及筛板塔气液鼓泡接触控制。

5. 化工仪表岗位技能训练内容

增压泵、微调转子流量计、变频器、差压变送器、热电阻、无纸记录仪、声光报警器、

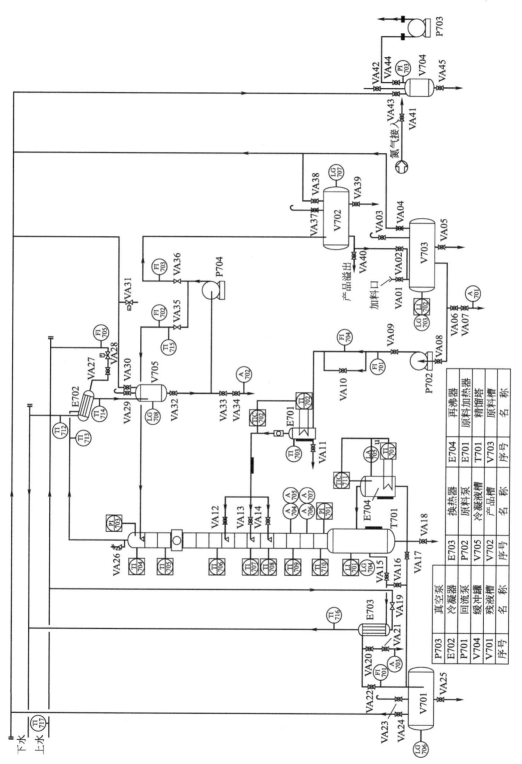

图 1 精馏实训装置工艺流程图（带控制点）

调压模块及各类就地弹簧指针表等的使用；单回路、串级控制和比值控制等控制方案的实施。

6. 就地及远程控制岗位技能训练内容

现场控制台仪表与微机通讯，实时数据采集及过程监控；总控室控制台 DCS 与现场控制台通讯，各操作工段切换、远程监控、流程组态的上传与下载等。

7. 分析岗位实训技能

进行气相色谱分析及化学分析实训。

四、实训装置和流程

1. 装置流程图及布置图

本实训装置带控制点的工艺流程图见图 1。

精馏实训装置立面布置见图 2。

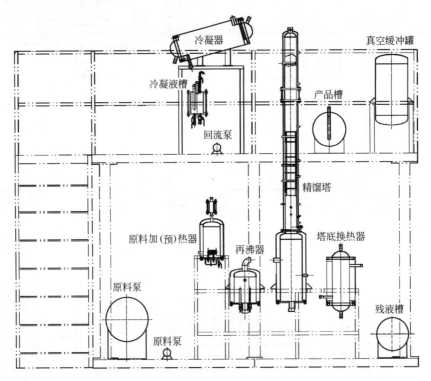

图 2　精馏实训装置立面布置

精馏实训装置一层＋0.00 平面布置见图 3。

精馏实训装置二层＋2.06 平面布置见图 4。

2. 设备一览表（表 1、表 2）

3. 流程简介

（1）常压精馏流程　原料槽 V703 内约 20％的水-乙醇混合液，经原料泵 P702 输送至原料加热器 E701，预热后由精馏塔中部进入精馏塔 T701，进行分离。汽相由塔顶蒸出，经冷凝器 E702 冷凝后，冷凝液进入冷凝液槽 V705，经回流泵 P701，一部分送至精馏塔上部第一层塔板作为回流液；另一部分送至塔顶产品槽 V702 作为产品采出。塔釜残液经塔底换热器 E703 冷却后送残液槽 V701。

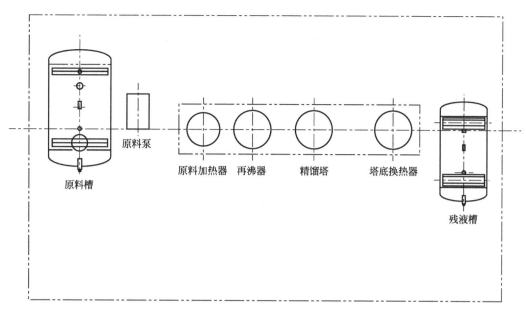

图3　精馏实训装置一层＋0.00平面布置

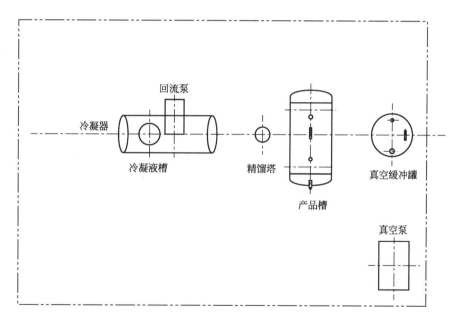

图4　精馏实训装置二层＋2.06平面布置

表1　静设备一览表

编号	名称	规格型号	数量
1	残液槽	不锈钢(牌号 SUS304,下同),ϕ300mm×680mm,体积＝40L	1
2	产品槽	不锈钢,ϕ300mm×680mm,体积＝40L	1
3	原料槽	不锈钢,ϕ400mm×825mm,体积＝84L	1
4	真空缓冲罐	不锈钢,ϕ300mm×680mm,体积＝40L	1

续表

编号	名称	规格型号	数量
5	冷凝液槽	工业高硼硅视镜,ϕ108mm×200mm,体积=1.8L	1
6	原料加热器	不锈钢,ϕ219mm×380mm,体积=6.4L,功率=2.5kW	1
7	冷凝器	不锈钢,ϕ260mm×780mm,传换热面积=0.7m²	1
8	再沸器	不锈钢,ϕ273mm×380mm,功率=4.5kW	1
9	塔底换热器	不锈钢,ϕ240mm×780mm,传换热面积=0.55m²	1
10	精馏塔	主体不锈钢 DN100;共14层塔板;塔釜:不锈钢塔釜 ϕ273mm×680mm	1

表 2　动设备一览表

编号	名称	规格型号	数量
1	回流泵	离心泵/齿轮泵	1
2	原料泵	离心泵/齿轮泵	1
3	真空泵	旋片式真空泵(流量 4L/s)	1

(2) 真空精馏流程　本装置配置了真空流程,主物料流程与常压精馏流程相同,只是在原料槽 V703、冷凝液槽 V705、产品槽 V702、残液槽 V701 均设置抽真空阀。被抽出的系统物料气体经真空总管进入真空缓冲罐 V704,再由真空泵 P703 抽出后放空。

4. 各项工艺操作指标

(1) 温度控制　预热器出口温度 (TI712):75～85℃,高限报警:$H=85℃$ (具体根据原料的浓度来调整);再沸器温度 (TI714):80～100℃,高限报警:$H=100℃$ (具体根据原料的浓度来调整);塔顶温度 (TIA703):78～80℃ (具体根据产品的浓度来调整)。

(2) 流量控制　冷凝器冷却水流量:

进料流量约10L/h;回流流量由塔顶温度控制;产品流量由冷凝液槽液位控制。

(3) 液位控制　塔釜液位:0～600mm,高限报警:$H=400$mm,低限报警:$L=200$mm;原料槽液位:0～400mm,高限报警:$H=300$mm,低限报警:$L=100$mm。

(4) 压力控制　系统压力:－0.04～0.02MPa。

(5) 质量浓度控制　原料中乙醇含量:约20%;塔顶产品乙醇含量:约90%;塔底产品乙醇含量:<5%。

注:以上含量分析指标是指用酒精比重计测定的乙醇质量分数,若分析方法改变,则应作相应换算。

5. 主要控制回路

(1) 再沸器温度控制器 (图5)。

(2) 预热器温度控制器 (图6)。

(3) 塔顶温度控制器 (图7)。

6. 控制面板示意图

控制面板如图8所示,控制面板对照表见表3。

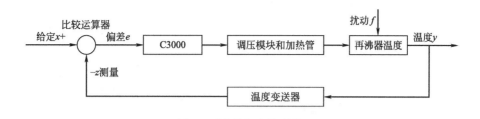

图 5 再沸器温度控制器

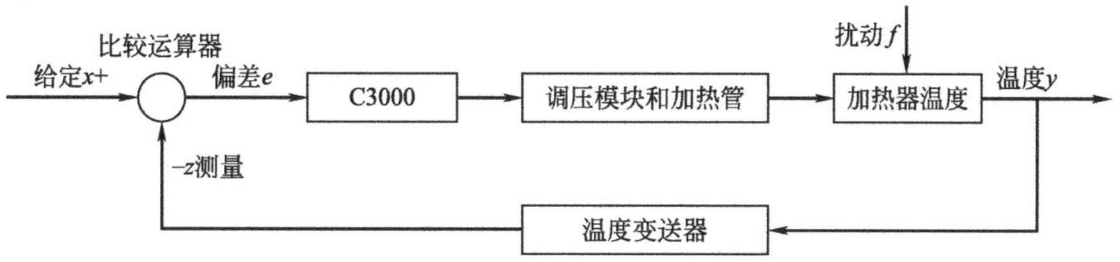

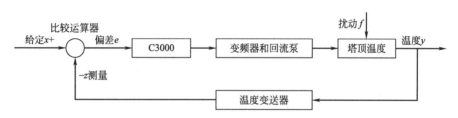

图 6 预热器温度控制器

图 7 塔顶温度控制器

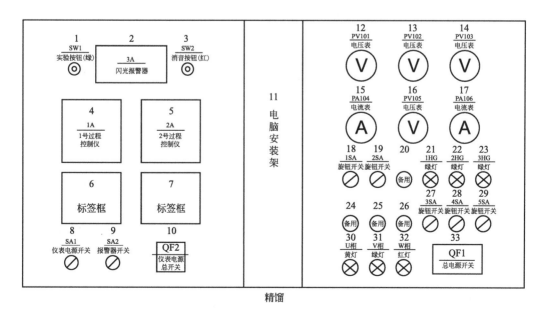

精馏

图 8 控制面板示意图

表3 控制面板对照表

序号	名称	功能
1	实验按钮(绿)(SW1)	检查声光报警系统是否完好
2	闪光报警器(3A)	发出报警信号,提醒操作人员
3	消音按钮(红)(SW2)	消除警报声音
4	1号过程控制仪	C3000仪表调节仪(1A)
5	2号过程控制仪	C3000仪表调节仪(2A)
6	标签框	注释仪表通道控制内容
7	标签框	注释仪表通道控制内容
8	仪表电源开关(SA1)	仪表电源开关
9	报警器开关(SA2)	报警系统电源开关
10	仪表电源总开关(QF2)	空气开关
11	电脑安装架	
12	电压表(PV101)	再沸器加热UV相电压
13	电压表(PV102)	再沸器加热VW相电压
14	电压表(PV103)	再沸器加热WU相电压
15	电流表(PA104)	再沸器加热电流
16	电压表(PV105)	原料加热器加热电压
17	电流表(PA106)	原料加热器加热电流
18	旋钮开关(1SA)	再沸器加热电源开关
19	旋钮开关(2SA)	原料加热器加热电源开关
20		备用
21	绿灯(1HG)	回流泵运行状态电源指示
22	绿灯(2HG)	真空泵运行状态电源指示
23	绿灯(3HG)	进料泵运行状态电源指示
24~26		备用
27	旋钮开关(3SA)	回流泵运行电源开关
28	旋钮开关(4SA)	真空泵运行电源开关
29	旋钮开关(5SA)	进料泵运行电源开关
30~32	黄、绿、红灯	空气开关通电状态指示(U,V,W三相)
33	总电源开关(QF1)	空气开关

五、实训操作要点

1. 开车前准备

(1) 由相关操作人员组成装置检查小组,对本装置所有设备、管道、阀门、仪表、电器、分析仪器、保温设施等按工艺流程图和专业技术要求进行检查。

（2）检查所有仪表是否处于正常状态。

（3）检查所有设备是否处于正常状态。

（4）试电

① 检查外部供电系统，确保控制柜上所有开关均处于关闭状态。

② 开启外部供电系统总电源开关。

③ 打开控制柜上的总电源开关 33（QF1）。

④ 打开装置仪表电源总开关 10（QF2），打开仪表电源开关 SA1，查看所有仪表是否上电，指示是否正常。

⑤ 将各阀门顺时针旋转到关的状态。

（5）准备原料

配制质量分数为 20％的乙醇溶液 60L，通过原料槽进料阀（VA01）加入原料槽，至其容积的 1/2～2/3。

（6）开启公用系统

将冷却水进水总管和自来水水龙头相连，冷却水出水总管用软管接到下水道。

2．开车

（1）常压精馏操作

① 关闭原料槽、原料加热器和再沸器排污阀（VA05、VA11、VA18）、塔釜和再沸器至残液槽阀（VA17）、塔釜出料阀 VA15、冷凝液槽出口阀 VA32、与真空系统连接的阀（VA04、VA24、VA30、VA37）。

② 开启控制台、仪表盘电源。

③ 将配好的原料液加到原料槽。

④ 开启原料泵进、出口阀（VA08、VA09）和精馏塔原料液进口阀（VA12、VA13、VA14）中的任一阀门（根据具体操作选择）。

⑤ 打开塔顶冷凝液槽放空阀（VA29）。

⑥ 关闭预热器排污阀 VA11、塔釜出料阀 VA15、再沸器至塔底冷却器连接管上的阀门（VA14）、塔顶冷凝液槽放空阀（VA29）。

⑦ 启动原料泵，通过旁路快速进料，当观察到原料加热器上的视盅中有一定的料液后，可缓慢开启原料加热器，同时继续向精馏塔塔釜内进料，调节好再沸器液位，并酌情停原料泵。

⑧ 开启精馏塔再沸器加热器，系统缓慢升温，开启精馏塔塔顶冷凝器冷却水进口阀（VA27），调节好冷却水流量，关闭冷凝液槽放空阀（VA29）。

⑨ 当冷凝液槽液位达到 1/3 时，开冷凝液槽出料阀 VA32 和回流进料阀 VA35，启动回流泵，系统进行全回流操作，控制冷凝液槽液位稳定，控制系统压力、温度稳定。当系统压力偏高时，可通过冷凝液槽放空阀 VA29 适当排放不凝性气体。

⑩ 当精馏塔塔顶汽相温度稳定在 78～79℃时（或回流较长时间后，精馏塔上部几点温度趋于相等，接近于酒精沸点温度，可视为系统全回流稳定），用酒精比重计分析塔顶产品含量，当塔顶产品酒精含量接近 90％，塔顶采出产品合格。

⑪ 开塔底换热器冷却水进口阀 VA19，根据塔釜温度，开塔釜残液出料阀 VA15、产品进料阀 VA36、塔底换热器料液出口阀 VA22。

⑫ 当再沸器液位开始下降时，启动原料泵，保持加热器加热功率为额定功率的 50%～60%，将原料液预热到 75～85℃，送精馏塔。

⑬ 调整精馏系统各工艺参数，使塔的操作系统稳定运行。

⑭ 及时做好操作记录。

（2）减压精馏操作

① 关闭原料槽、原料加热器和再沸器排污阀（VA05、VA11、VA18）、再沸器至塔底冷凝器连接管线上的阀（VA17）、塔釜出料阀 VA15、冷凝液槽出料阀 VA32。

② 开启控制台、仪表盘电源。

③ 将配好的原料液加入原料槽。

④ 开启原料泵进、出口阀（VA08、VA09），精馏塔进料阀（根据情况选择阀 VA12、VA13、VA14 中的任意一个，此阀在整个实训操作过程中禁止关闭），冷凝液槽放空阀 VA29。

⑤ 开启真空缓冲罐抽真空阀 VA44，关闭真空缓冲罐进气阀 VA43、真空缓冲罐放空阀 VA42。

⑥ 启动真空泵，当真空缓冲罐压力达到 -0.06MPa 时，缓慢开启真空缓冲罐进气阀 VA43，开启阀 VA24、VA30、VA38、VA04、VA43。当系统真空度达到 0.02～0.04MPa 时，关真空缓冲罐抽真空阀 VA44，停真空泵。系统真空度控制采用间歇启动真空泵方式，当系统真空度高于 0.04MPa 时，停真空泵；当系统真空度低于 0.02MPa 时，启动真空泵。

⑦ 启动原料泵，通过旁路快速进料，当观察到预热器上的视盅中有一定的料液后，缓慢开启原料加热器，同时继续往精馏塔塔釜内加入原料液，调节好再沸器液位至其容积的 1/2～2/3，酌情停原料泵。

⑧ 开启精馏塔再沸器加热器［首先在 C3000（A）上手动控制加热功率大小，待压力缓慢升高到实验值时，将其切换为自动调节］，当塔顶温度上升至 50℃左右时，开启塔顶冷凝器冷却水进口阀 VA27，调节好冷却水流量，关闭冷凝液槽放空阀 VA29。

⑨ 当冷凝液槽液位达到 1/3～2/3 时，打开冷凝液槽出料阀 VA32 和回流进料阀 VA35，启动回流泵，使系统进行全回流操作。控制冷凝液槽液位稳定，控制系统压力、温度稳定。当系统压力偏高时，可通过调节真空泵抽气量适当排放不凝性气体。

⑩ 当精馏塔塔顶汽相温度稳定（具体温度应根据系统真空度换算确定）时（或回流较长时间后，精馏塔上部几点温度趋于相等，接近于乙醇沸点温度，可视为系统全回流稳定），用酒精比重计分析塔顶产品中乙醇含量，当塔顶产品乙醇含量大于 90% 时，采出塔顶合格产品。

⑪ 打开塔底换热器冷却水进口阀 VA19；根据塔釜温度，打开塔釜出料阀 VA15、产品进料阀 VA36、塔底换热器料液出口阀 VA22。

⑫ 当再沸器液位开始下降时，可启动原料泵，并控制预热器加热功率为额定功率的 50%～60%，将原料液预热到 75～85℃后，送精馏塔。

⑬ 调整精馏系统各工艺参数，使塔运行稳定。

⑭ 及时做好操作记录。

3. 停车

（1）常压精馏停车

① 系统停止加料，原料预热器停止加热，关闭原料泵进、出口阀（VA08、VA09），停

原料泵。

② 根据塔内物料情况，再沸器停止加热。

③ 当塔顶温度下降，无冷凝液馏出后，关闭塔顶冷凝器冷却水进口阀（VA27），停冷却水；停回流泵，关泵进、出口阀。

④ 当再沸器和预热器物料冷却后，打开塔釜和再沸器至残液槽阀（VA17）和预热器排污阀（VA11），放出预热器及再沸器内物料；打开塔釜和再沸器排污阀（VA18）、塔底产品槽排污阀（VA39），放出塔底冷凝器内物料、塔底产品槽内物料。

⑤ 停控制台、仪表盘电源。

⑥ 做好设备及现场的整理工作。

（2）减压精馏停车

① 系统停止加料，停止原料预热器加热，关闭原料泵进、出口阀（VA08、VA09），停原料泵。

② 根据塔内物料情况，停止再沸器加热。

③ 当塔顶温度下降，无冷凝液馏出后，关闭塔顶冷凝器冷却水进口阀（VA27），停冷却水；停回流泵，关泵进、出口阀。

④ 当系统温度降到40℃左右，缓慢开启真空缓冲罐放空阀（VA42），破除其真空；然后打开精馏系统各处放空阀（开阀门速度应缓慢），破除系统真空，使系统恢复至常压状态。

⑤ 当再沸器和预热器物料冷却后，打开再沸器和预热器排污阀（VA18、VA11），放出预热器及再沸器内物料；打开塔釜和再沸器排污阀（VA17）和塔底产品槽排污阀VA39，放出塔底冷凝器内物料、塔底产品槽内物料。

⑥ 停控制台、仪表盘电源。

⑦ 做好设备及现场的整理工作。

4. 正常操作注意事项

（1）精馏塔系统采用自来水作试漏时，系统加水速度应缓慢，系统高点排气阀应打开，密切监视系统压力，严禁超压。

（2）再沸器内液位高度一定要超过100mm，才可以开启再沸器加热器进行系统加热，严防干烧损坏设备。

（3）原料预热器开启时应保证液位满罐，严防干烧损坏设备。

（4）精馏塔釜加热应逐步增加加热电压，使塔釜温度缓慢上升，升温速度过快宜造成塔视镜破裂（热胀冷缩），或使大量轻、重组分同时蒸发至塔内，延长塔系统达到平衡时间。

（5）精馏塔塔釜初始进料时进料速度不宜过快，防止满塔。

（6）系统全回流时应保持回流液流量和冷凝液流量基本相等，使回流液槽液位稳定，防止回流泵抽空。

（7）系统全回流流量应控制在6～10L/h，以保证塔系统汽、液接触效果良好，使塔内鼓泡明显。

（8）减压精馏时，系统真空度不宜过高，应控制在0.02～0.04MPa。系统真空度控制采用间歇启动真空泵方式，当系统真空度高于0.04MPa时，停真空泵；当系统真空度低于0.02MPa时，启动真空泵。

（9）减压精馏采样为双阀采样，操作方法为：先开上端采样阀，当样液充满上端采样阀和下端采样阀间的管道时，关闭上端采样阀，开启下端采样阀，用量筒接取样液，采样后关下端采样阀。

(10) 在系统进行连续精馏时，应保证进料流量和采出流量基本相等，各处流量计操作应互相配合，默契操作，保持整个精馏过程的操作稳定。

(11) 塔顶冷凝器的冷却水流量应保持在 100～120L/h，保证塔顶出冷凝器液相温度在 30～40℃，塔底产品冷却器出口温度保持在 40～50℃。

(12) 分析方法可以为酒精比重计分析或色谱分析。

(13) 所有阀门的编号见本实验附表 2。

5. 设备维护及检修

(1) 泵的开、停，正常操作及日常维护

① 在零负荷条件下启动泵或停泵。

② 在泵运行过程中要注意泵外壳、轴承等处的温度，注意有无异常发热现象，如有发生，立即停泵检查原因。

(2) 系统运行结束后，相关操作人员应对设备进行维护，清理现场、设备、管路、阀门后，方可离开。

(3) 定期组织学生进行系统检修演练。

六、实训注意事项

1. 异常现象及处理（表 4）

表 4　异常现象及处理

异常现象	原因分析	处理方法
精馏塔液泛	塔负荷过大； 回流量过大； 塔釜加热量(功率)过大	调整负荷或调节加料量,降低釜温； 减少回流,加大采出； 减小加热量
系统压力增大	不凝气积聚； 采出量少； 塔釜加热功率过大	排放不凝气； 加大采出量； 调整加热功率
系统压力负压	冷却水流量偏大； 进料温度<料塔节温度	减小冷却水流量； 调节原料加热器加热功率
塔压差大	负荷大； 回流量不稳定； 液泛	减少负荷； 调节回流比； 按液泛情况处理

2. 正常操作中的故障扰动（故障设置实训）

在精馏实训的正常操作中，由教师给出隐蔽指令，通过不定时改变某些阀门的工作状态来扰动精馏系统正常的工作状态，分别模拟出实际精馏生产过程中的常见故障。学生根据各参数的变化情况、设备运行异常现象，分析故障原因，找出故障，并动手排除故障，以此提高学生对工艺流程的认识程度和实际动手能力。

(1) 塔顶冷凝器无冷凝液产生　在精馏正常操作中，教师通过隐蔽操作，停通冷却水（关闭塔顶冷凝器冷却水进口电磁阀 VA28），学生通过观察温度、压力及冷凝器冷凝量等的变化，分析系统异常的原因并作出处理，使系统恢复到正常状态。

（2）真空泵全开时系统无负压 在减压精馏正常操作中，教师通过隐蔽操作使管路直接与大气相通（打开冷凝液槽抽真空电磁阀 VA31），学生通过观察压力、塔顶冷凝器冷凝量等的变化，分析系统异常的原因并作出处理，使系统恢复到正常状态。

七、实训数据记录

设计常压精馏和真空精馏实训操作记录表。记录表应包含实验序号、时间、进料系统（原料槽液位、进料流量、预热器加热开度、进料温度）、塔系统（塔釜液位、再沸器加热开度、再沸器温度、第三层塔板温度、第七层塔板温度、第十层塔板温度、第十一层塔板温度、第十三层塔板温度、塔釜蒸汽温度、塔釜压力、塔顶压力）、冷凝系统（塔顶蒸汽温度、冷凝液温度、冷却水流量、冷却水出口温度）、回流系统（塔顶温度、回流温度、回流流量、产品流量）、残液流量、冷却水流量、阀 VA16 开闭等内容。除此之外，还应有操作记事、异常现象记录、操作人、指导老师等内容。

八、实训数据处理及结果分析讨论的要求

1. 进行间歇精馏和连续精馏的物料衡算，并做分析讨论。
2. 确定精馏过程的精馏段操作线和提馏段操作线。
3. 对冷凝器进行热量衡算，计算冷负荷。
4. 对再沸器进行热量衡算，计算热负荷。
5. 对预热系统进行热量衡算，计算热负荷。

思考题

1. 试分析回流比增大对塔顶采出液和塔釜采出液浓度的影响，以及对塔顶冷凝器和塔底再沸器负荷的影响。
2. 在正常操作中出现塔顶产品、釜底产品达不到质量要求的情况怎么办？
3. 塔顶冷凝器冷却水量大小对操作有何影响？

附　录

附表1　仪表说明

	C3000 仪表(A)			
	输入通道			
通道序号	通道显示	位号	信号类型/mA	量程
第一通道				
第二通道	再沸器出口温度	TIC711	4～20	0～120℃

C3000 仪表（A）

输入通道

通道序号	通道显示	位号	信号类型/mA	量程
第三通道	预热器出口温度	TIC702	4～20	0～120℃
第四通道	精馏塔塔釜压力	PI701	4～20	−100～35kPa
第五通道	精馏塔塔顶压力	PI702	4～20	−100～35kPa
第六通道	精馏塔塔釜液位	LI701	4～20	0～600mm
第七通道	原料槽液位	LI702	4～20	0～400mm

输出通道

通道序号	通道显示	位号	信号类型/mA	量程/mV
第一通道	再沸器加热控制	TICV01	4～20	0～100
第二通道	原料预加热控制	TICV02	4～20	0～100

报警通道

通道序号	通道显示	报警值	开关量通道
第二通道	再沸器出口温度高报	100℃	R01
第三通道	预热器出口温度高报	80℃	R02
第六通道	精馏塔塔釜液位高报	400mm	R03
	精馏塔塔釜液位低报	100mm	R04
第七通道	原料槽液位高报	300mm	R05
	原料槽液位低报	100mm	R06

C3000 仪表（B）

输入通道

通道序号	通道显示	位号	信号类型/mA	量程/℃
第一通道	精馏塔塔顶温度	TI704	4～20	0～120
第二通道	精馏塔第三层塔板温度	TI705	4～20	0～120
第三通道	精馏塔第七层塔板温度	TI706	4～20	0～120
第四通道	精馏塔第十层塔板温度	TI707	4～20	0～120
第五通道	精馏塔第十一层塔板温度	TI708	4～20	0～120
第六通道	精馏塔第十三层塔板温度	TI709	4～20	0～120
第七通道	塔釜汽相温度	TI710	4～20	0～120

提示：出厂前参数已设定好，无需进行重新设定。

附表2　阀门编号对照表

序号	编号	设备阀门功能	序号	编号	设备阀门功能
1	VA01	原料槽进料阀	24	VA24	残液槽抽真空阀
2	VA02	产品回流阀	25	VA25	残液槽排污阀
3	VA03	原料槽放空阀	26	VA26	塔顶安全阀
4	VA04	原料槽抽真空阀	27	VA27	冷凝器冷却水进口阀
5	VA05	原料槽排污阀	28	VA28	冷凝器冷却水进口电磁阀(故障点)
6	VA06	原料槽取样减压阀	29	VA29	冷凝液槽放空阀
7	VA07	原料槽取样阀	30	VA30	冷凝液槽抽真空阀
8	VA08	原料泵进口阀	31	VA31	冷凝液槽抽真空电磁阀(故障点)
9	VA09	原料泵出口阀	32	VA32	冷凝液槽出料阀
10	VA10	旁路进料阀	33	VA33	产品取样减压阀
11	VA11	加热器排污阀	34	VA34	产品取样阀
12	VA12	第八层塔板进料阀	35	VA35	回流进料阀
13	VA13	第十层塔板进料阀	36	VA36	产品进料阀
14	VA14	第十一层塔板进料阀	37	VA37	产品槽放空阀
15	VA15	塔釜出料阀	38	VA38	产品槽抽真空阀
16	VA16	塔釜料液直接到残液槽阀	39	VA39	产品槽排污阀
17	VA17	塔釜和再沸器至残液槽阀	40	VA40	产品送出阀
18	VA18	塔釜和再沸器排污阀	41	VA41	氮气进口阀
19	VA19	塔底换热器冷却水进口阀	42	VA42	真空缓冲罐放空阀
20	VA20	残液取样减压阀	43	VA43	真空缓冲罐进气阀
21	VA21	残液取样阀	44	VA44	真空缓冲罐抽真空阀
22	VA22	塔底换热器料液出口阀	45	VA45	真空缓冲罐排污阀
23	VA23	残液槽放空阀			

精馏综合实训装置介绍及数据记录表请扫描下方二维码查看。

精馏综合实训相关资源

实验 4　管路拆装实训

一、实训背景

管路拆装是化工类专业学生实践实训的重要项目，通过该项目，可以使学生经历流体输送流程和管道系统的识图、搭建、开车、试运行和检修全过程，从而锻炼学生在化工装置的组装、调试和运行方面的动手实践能力。

二、实训目的

1. 熟悉化工管路、机泵及换热器拆装常用工具及使用方法。

2. 认识化工管路中的管件、阀门及拆装方法；了解并掌握流量计、压力表、真空表的结构及使用方法；了解列管式换热器的结构、流动方向及操作。

3. 认识化工管道的特点，能够根据管路布置图安装化工管路，并能对安装的管路进行试漏及安全检查等操作。

4. 能够完成离心泵的启动、试车、流量调节、异常现象的处理及停车操作。

5. 通过对换热器结构和工作原理有感性的认识，以及设备的拆装训练，进一步强化对设备结构和性能的了解，并熟悉常用换热器的构造、性能及特点。

6. 完成化工管路中流体流动出现异常现象时的排除操作。

三、实训内容

1. 根据管路布置简图和换热器结构图，对管路、换热器进行拆装，并对安装好的管路和换热器进行试压操作。

2. 了解并掌握流量计、压力表、真空表的结构和使用方法；完成离心泵的启动、试车、流量调节、异常现象的处理及停车等操作。

四、实训原理

管路连接是根据相关标准和图纸要求，将管子与管子或管子与管件、管子与阀门等连接起来，以形成一严密整体，从而达到使用的目的。管路的连接方法有多种，化工管路中最常见的连接方法有螺纹连接和法兰连接。螺纹连接主要适用于镀锌焊接的钢管，它是通过将管子上的外螺纹和管件上的内螺纹拧在一起实现的。焊接钢管采用螺纹连接时，使用的试牙型角55°。管螺纹有圆锥管螺纹和圆柱管螺纹两种，管道多采用圆锥形外螺纹，管箍、阀件、管件等多采用圆柱形内螺纹。此外，管螺纹连接时，一般要加聚四氟乙烯等作为填料。法兰连接是通过连接法兰及紧固螺栓、螺母、压紧法兰中间的垫片而使管道连接起来的一种方法，具有强度高、密封性能好、适用范围广、拆卸和安装方便的特点。

1. 管路安装

管路的安装应保证横平竖直，水平管其偏差不大于15mm/10m，但其全长不能大于50mm，垂直管偏差不能大于10mm/10m。

2. 法兰接合

法兰安装要做到对得正、不反口、不错口、不张口。安装前应对法兰、螺栓、垫片进行外观、尺寸、材质等检查。未加垫片前，将法兰密封面清理干净，其表面不得有沟纹；垫片的位置要放正，不能加入双层垫片；紧固法兰时要做到：拧紧螺栓时应对称成十字交叉进行，以保证垫片各处受力均匀；拧紧后的螺栓露出丝扣的长度不应大于螺栓直径的一半，且不应小于2mm，即紧好之后螺栓两头应露出2～4扣；管道安装时，每对法兰的平行度、同心度应符合要求。

法兰与法兰对接连接时，密封面应保持平行；法兰与管子组装时应注意法兰的垂直度。为便于安装和拆卸，法兰平面距支架和墙面的距离不应小于 200mm。当管道的工作温度高于 100℃ 时，螺栓表面应涂一层石墨粉和机油的调和物，以便于操作。当管道需要封堵时，可采用法兰盖；法兰盖的类型、结构、尺寸及材质应和所配用的法兰相一致。

3. 螺纹接合

螺纹接合时管路端部应加工外螺纹，利用螺纹与管箍、管件和活接头配合固定。其密封则主要依靠锥管螺纹的啮合和在螺纹之间加敷密封材料来实现。常用的密封材料是白漆加麻丝或聚四氟乙烯膜，使用时先将其缠绕在螺纹表面，然后将螺纹配合拧紧。

4. 阀门安装

阀门安装时应先把阀门内清理干净、关闭好，再进行安装。单向阀、截止阀及调节阀安装时应注意介质流向，阀的手轮位置要便于操作。

5. 泵的安装

泵的安装原则是保证良好的吸入条件与方便检修。泵的吸入管路要短而直，阻力小，避免"管路气袋"和产生积液。泵的安装标高要保证足够的吸入压头。泵的上方不要布置管路，以便于泵的检修。

6. 换热器的拆装

(1) 换热器拆卸

① 拆前封头。将前封头与筒体螺栓松开，注意对称松开，拆下后放在稳妥安全的地方，螺栓单独放好，如有必要请画好对齐线。

② 拆后封头。同样松开螺栓，拆下后封头后轻轻放在指定位置，注意放稳，螺栓单独放在一起，不要与前封头螺栓混在一起。

③ 拆浮头。拆下浮头与浮头钩圈螺柱，单独放在一起，并用木块垫好，注意放实。

④ 拆管束。将管束拉出来，然后放在安全的地方。

(2) 换热器的组装

与拆卸顺序相反。注意隔板的方向，螺栓与孔对齐，不允许有歪斜现象，注意螺栓对角把紧。注意保证装配质量，否则须拆卸后重新装配。

7. 水压试验

管路安装完毕后，应作强度与严密性试验，试验是否有漏气或漏液现象。管路的操作压力不同，输送的物料不同，试验的要求也不同。当管路系统是进行水压试验时，试验压力（表压）为 300kPa，在试验压力下维持 5min，如未发现渗漏现象，则水压试验即为合格。

五、实训装置和流程

1. 管道拆装实训装置示意图（图1）

2. 管道拆装实训装置主要技术参数

离心泵：型号 IH 50-32-125；

流量测量：转子流量计，量程 400～4000L/h；

泵入口真空度测量：真空表，表盘真径 100mm，测量范围 −0.1～0MPa；

泵出口压力的测量：压力表，表盘直径 100mm，测量范围 0～0.6MPa；

安全阀：型号 A27H-10，额定压力 0.8MPa；

换热器：列管式换热器内管管长 900mm，管径 12mm，管束 20 根（图2）。

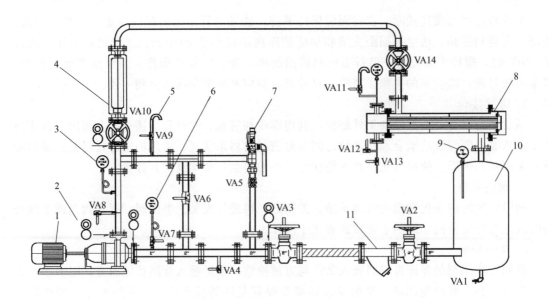

图 1　管道拆装实训装置示意图

1—离心泵；2—8字盲板；3—压力表；4—转子流量计；5—放气口；6—真空表；
7—安全阀；8—列管式换热器；9—温度计；10—储水罐；11—单向阀

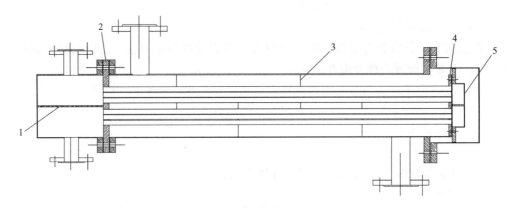

图 2　列管式换热器设备图

1—管程隔板；2—固定管板；3—壳程折流板；4—活动管板；5—浮头

六、实训操作要点

1. 实验操作人员进入实训车间后必须佩戴好手套、防护服、安全帽等防护工具。

2. 识读工艺流程图。主要了解工艺流程、设备的数量、名称和设备位号，所有管线的管段号、物料介质、管道规格、管道材料，管件、阀件及控制点（测压点、测温点、流量、分析点）的部位和名称及自动控制系统，与工艺设备有关的辅助物料（水、气）的使用情况。这样可以在管路安装和工艺操作实践中，做到心中有数。

3. 工艺流程图绘制。工艺流程图一般以工艺装置的主项（工段或工序）为单元绘制，流程简单的可以画成一张总工艺流程图。

4. 根据流体输送流程简图，准备拆装管线所需工具和易耗品。

5. 将拆装管路内水放净，并检查阀门是否处于关闭状态。拆装顺序：由上至下，先仪表后阀门（安装顺序与之相反）。拆卸过程注意不要损坏管件和仪表，拆下来的管子、管件、仪表、螺栓要分类放置好，便于后续安装。

6. 拧紧螺栓时应对称，十字交叉进行，以保证垫片处受力均匀。拧紧后的螺栓露出丝扣长度不大于螺栓直径的一半，并且不小于2mm。

7. 安装法兰时应保证用同一规格螺栓安装，并保持方向一致，每支螺栓加垫片不超过一个，法兰也同样操作，加装盲板的法兰除外。

8. 应正确安装使用8字盲板。

9. 安装结束后进行管道或部件水压试验时，升压要缓慢，升压时禁止动法兰螺钉或油刃，避免敲击或站在堵头对面。稳压后方可进行检查。非操作人员不得在盲板、法兰、焊口、丝扣处停留。

10. 学会使用手动加压泵，能按试压程序完成试压操作，在规定压强下和规定时间内管路所有接口无渗漏现象［一般试验压力为0.35MPa（表压），稳压时间为5min，允许波动范围为±20%］。试压成功后，将8字盲板换位置并紧固好。

11. 离心泵运行。给储水罐加满水，打开放气阀门，使液体灌满水泵。关闭离心泵出口调节阀，启动离心泵，逐步打开离心泵出口调节阀，调节流体流量使其稳定。

12. 完成正常输送任务后，关闭离心泵出口调节阀，关闭离心泵电源。

13. 将管路内的水全部放干净，按照流程图对管路进行拆卸，要求同上。恢复到初始状态。拆下来的管子、管件、仪表、螺栓要分类放置好，便于后续安装使用。

14. 实训结束，一切复原。

七、实训操作注意事项

1. 试压操作前，一定要关闭泵进口真空表的阀门，以免损坏真空表。

2. 本装置所使用压力表量程为0～0.6MPa，加压时不要超过0.4MPa，以防损坏压力表。

3. 不锈钢泵铭牌上所标转速为2900r/min，为泵的额定工况点（泵的额定工况通常是指泵在高效段的扬程和流量）参数的换算值，电机铭牌上所标转数2850r/min为电机的额定转数，电机的实际转数会随着泵的使用参数不同而改变，故两个铭牌的标注是不同的。

4. 操作中，要使用恰当的安装工具。法兰安装中要做到对得正、不反口、不错口、不张口。安装和拆卸过程中要注意安全防护，避免发生安全事故。

八、实训总结报告及要求

1. 要求撰写实训过程的总结报告。

2. 按照化工制图标准绘制装置工艺流程图，内容包括：①工艺设备一览表中的所有设备（机器）；②所有的工艺管道，包括阀门、管件、管道附件等，并标注出所有的管段号及管径、管材、保温情况等；③标注出所有的检测仪表、调节控制器；④对成套设备或机组在图中以双点划线框图表示制造厂的供货范围，且注明外围与之配套的设备、管线的衔接关系。

⊡ **参考文献**

[1] 李同川.化工原理实践指导.北京：国防工业出版社，2008.

[2] 王俊文，张忠林.化工基础与创新实验.北京：国防工业出版社，2014.

[3] 史贤林，张秋香，周文勇，等.化工原理实验.北京：化学工业出版社，2019.

[4] 李玲.化工原理实践指导.北京：经济科学出版社，2012.

[5] 冯辉，居沈贵，夏毅.化工原理实验.南京：东南大学出版社，2003.

[6] 张伟光.化工原理实验.北京：化学工业出版社，2016.

[7] 伍钦.化工原理实验.广州：华南理工大学出版社，2014.

[8] 程远贵.化工原理实验.成都：四川大学出版社，2018.

[9] 武汉大学，兰州大学，复旦大学，等.化工基础实验.北京：高等教育出版社，2008.

[10] 马江权，魏科年，韶晖，等.化工原理实验.上海：华东理工大学出版社，2016.

[11] 张金利，郭翠梨，胡瑞杰，等.化工原理实验.天津：天津大学出版社，2016.

[12] 叶向群，单岩.化工原理实验及虚拟仿真.北京：化学工业出版社，2017.

[13] 都健，王瑶，王刚.化工原理实验.北京：化学工业出版社，2018.

[14] 钟理.化工原理实验.广州：华南理工大学出版社，2016.

[15] 孙尔康，张剑荣.化工原理实验.南京：南京大学出版社，2017.

[16] 乐清华.化学工程与工艺专业实验.第3版.北京：化学工业出版社，2018.